U0086518

NEWSTART Lifestyle Cookbook IV
新起點健康烹調系列IV

目錄

Contents

5 韓式

Station

6 日式

Station

7 

推薦序

健康飲食，為主傳愛

Good TV 好消息電視台「健康新煮流」主持人
KC 健康廚房經營者

Kevin 許詠翔 & Claire 曾荷茹

當食品安檢出問題，新聞爆料陸續出現毒澱粉、毒醬油、毒食用油、塑化劑、香料化麵包甜點、糖化飲料等等，突顯出我們周遭生活的飲食環境充滿了不安與不定數，家庭成員得慢性疾病者增加且年齡層降低，人們如何為日常飲食把關成了熱門話題，而害怕吃到有毒食物也成為忙碌現代人的另類恐慌！奇妙的是，一波波的食品危安新聞不斷播送下，我們總有淡定的小確幸——只因我們不論是在家或是在餐廳都習於天然原味烹調，甚至於在電視節目錄影示範的每一道菜也是如此，自然不會擔憂有被汙染的危害，更相信這些事件的發生，反而是有利推動健康飲食落實於全民運動的全新起點！

我們兩夫妻是因研究和追求健康原味烹調而相識相知，並決定同時於 1997 年信主、結婚和創業。希望透過餐廳讓長期外食的上班族可以享用健康的美味料理，同時可以向大眾證明健康原味料理只要能用正確的烹調方式，鎖住天然食材的營養並保留原味，絕對比傳統的美味更美味。然而，現實與理想總有出入，原味的烹調首重食材挑選，相對的食物成本比傳統料理還高，加上教育客人接受需要時間，烹調過程中的員工訓練也是一大難題，每月虧損更是逐月逐年累積。當 KC

負債近三千萬時，上帝開路轉向透過出書、電視媒體教育示範讓更多人認識健康原味烹調。

臺安醫院也有同樣的經歷，希望走出醫院推動「NEWSTART 新起點」健康飲食給更多民眾認識，秉持著基督之愛，在醫療以外透過「新起點」課程，和不斷出版食譜來教育更多民眾健康的飲食觀念和烹調方法，將預防醫學的觀念落實在生活飲食習慣及食材選購中，以養成健康人生，如今更是醫療界中唯一自給自足並全然實施「NEWSTART」健康素食於病人食療、員工餐廳，進而分享至外界的代表！

感謝神使用臺安醫院提供醫療以外的服務，讓「NEWSTART」飲食成為病友或追求健康者的另一指標。這本《漫遊舒食異國料理》由營養師精心設計的菜單加上廚師愛心研發所呈現的料理食譜，讓人可以帶回家參考並落實在生活中，將帶您進入不同的異國風味，使蔬食更精彩！

推薦序

新起點飲食的突破性創舉

基督復臨安息日會醫療財團法人臺安醫院院長
胃腸肝膽科主治醫師
黃暉庭

臺灣是美食的天堂，各國料理不管是美式、法國、德國、義大利、日本、韓國、泰國、越南、印度……等，幾乎全世界的美食均可在臺灣見到蹤影。而且有些連鎖速食店 24 小時全時段供應餐點，雖是滿足了每位食客，但有關生活型態與飲食習慣所造成的疾病患者，卻也有愈來愈年輕化的趨勢。

根據臺灣衛生福利部公布最新 2012 年民眾十大死因，前三名分別是惡性腫瘤（癌症）、心臟病以及腦血管疾病。癌症已連續 31 年蟬聯十大死因之首，占所有死亡人數的 28.4%。其中發生人數第一的大腸癌，和發生率上升的乳癌、攝護腺癌及口腔癌，除口腔癌外，其他這兩類癌症均與生活飲食習慣有絕對的關係，也是人數增加最快的癌症種類。

在門診時，長期接觸病人問診發現，現代人生活壓力大，再加上飲食習慣的偏頗，造成營養攝取不均衡。根據研究指出：食物中的毒素無所不在，每個人每天吃喝下肚的毒素是否完全排洩出來，起始於腸道的健康狀態。1908 年俄羅斯微生物學家梅契 ‧ 尼可夫（Elie Metchnikoff）獲得免疫學諾貝爾獎即提出「老化始於腸道毒菌」，而且臨床上又稱腸胃道為「人的副腦」。減少脂肪，尤其是飽和性

脂肪酸和鹽分的攝取，及多攝取含纖維質高的全穀雜糧類、黃豆及其製品、蔬菜水果是增加腸道有益菌最好的方法。目前國人對「豆魚肉蛋類」攝取普遍過量，而蔬菜類則吃太少。根據衛生福利部的報告：「臺灣民眾每日蔬果攝取量達到標準量的比例不到三成」，建議平日飲食應食用低脂、低鹽、高纖的飲食內容，可見得腸胃道健康的重要性。另外亦指出，蔬食可提供各種豐富的植物性化合物（phytochemicals），不僅能抗氧化，還有助防癌。

民眾為何對素食的接受度普遍不高？也許是素食的口味和菜色的變化較少，也或許是覺得素食很難與美味劃上等號。於是我們醫院的營養課同仁很用心的研發，運用天然蔬食，採取「新起點」的烹調方式，製做出符合各國特色的料理，讓素食者多一種選擇。

本書《漫遊舒食異國料理》是新起點健康烹調系列中，第一本異國料理食譜，期待能帶給讀者不一樣的觀念，素食可以變身成為異國料理，色香味俱全外，同時也健康滿分。

前言

世界化的新起點飲食觀

基督復臨安息日會醫療財團法人臺安醫院
營養課課長／營養師
林淑姬

首先，非常感謝讀者們對新起點健康烹調系列《新食煮意》、《樂活煮意》、《舒食 101》的愛護及迴響，也感謝參加臺安醫院在南投魚池鄉三育健康中心之新起點健康生活計畫營課程的學員們熱烈的支持，基於大家的肯定，讓我們想讓新起點健康飲食能夠更多元、更世界化，創造簡單的養生料理之道，是製作此書最大的緣由。

中國人是最講究吃的民族，常花很多精神與時間去鑽研，就飲食的多樣化與精彩度，臺灣不愧是美食的寶島，不管是西餐，歐式或日本料理，經過廚師巧妙之手，變為中式西餐、中式日本料理等，適合國人口味的佳餚，也難怪很多人難以抵擋美食當前的誘惑。但隨著社會型態變遷，外食人口逐漸攀升，除了追求美味，講求速度、方便外，最重要自己在家無法烹煮出異國風味的料理，這可能都是外食族的心聲吧！

國內各國素食料理較少，而美味的佳餚往往都存在過多的油脂或添加太多人工調味品，製做過程又繁瑣，烹煮的時間又長，有鑑於此，因此決定開始研發既健康又美味的各國素食料理，展現豐富口味及別具一格的烹調創意，讓「新起點」的健康素食也能呈現世界各國的飲食文化。

林淑姬

這些年來我們一直致力於「新起點」健康素食的推廣，堅持採用四無一高（無蛋、無動物奶、無提煉油、無精製糖、高纖維）天然素材的素食，並以天然調味料製做健康、簡單的料理。我一邊瀏覽各國美食書籍，一邊帶領著營養師和廚師團隊品嚐異國美食佳餚，想著如何將這些料理變成新起點的菜餚，於是乎，不斷地開發研究各國素食的料理，同時我們將研發的菜餚安排至院內開會之餐點內，包括讓貴賓和天然之味餐廳的顧客們享用並品評味道，做為我們改進的原動力。

宴客套餐經過一次又一次的營養師品評，再加上廚師們的腦力激盪，溝通數次後，終於誕生出一道道令人驚豔的菜餚，製成新起點義大利式、墨西哥式、西式、泰式、韓式、日式、中式的健康美味料理。例如：義大利麵的白醬和青醬的製成，我考慮到的營養均衡且滑潤的口感，腦中即閃過一個念頭，用黃豆和腰果奶做義大利麵白醬的原料，即可達成健康美味的料理；而青醬則是採用毛豆、九層塔和腰果奶做出經典義式料理。韓式料理單元，因要配合韓國的飲食文化，泡菜一定要辣，故與傳統新起點的溫和香料截然不同的口感，帶領著廚師共同討論外，還參考韓國電視料理節目學習相關傳統泡菜的秘訣，利用新鮮的辣椒粉搭配溫和的匈牙利紅椒粉，最後才做出辣味十足的韓式泡菜，讓不習慣吃素的人也讚不絕口。

健康是您的責任，「新起點」是您聰明的選擇

現代醫療是以治療疾病為主，可是，「醫食同源」一直是東方民族傳統思維的主軸，意思是醫藥的來源，原本和食物如出一轍的。西方醫學之父希波柯拉底（Hippocrates），更在數千年前即寫道：「你的食物，就是你的醫藥」，一語道出食物對身體的重要性。

臺安醫院所推行的健康素食和健康生活方式，乃是基督復臨安息日會由 1863 年以來，源自北美洲所致力推廣的健康改良運動（Health Reform Movement），至今這運動有了成果：根據《國家地理雜誌》（中文版）2005 年 11 月號封面主題「揭開長壽的秘訣」所報導，其中介紹基督復臨安息日會信徒的生活方式，在信仰及生活上依據《聖經》的指引去實行「新起點八大自然原則」，可以有效改善及預防各項慢性疾病，結果調查並發現復臨信徒比一般人多活 4 ～ 10 年。（可參閱《國家地理雜誌》2005 年 11 月號，第 25 頁）

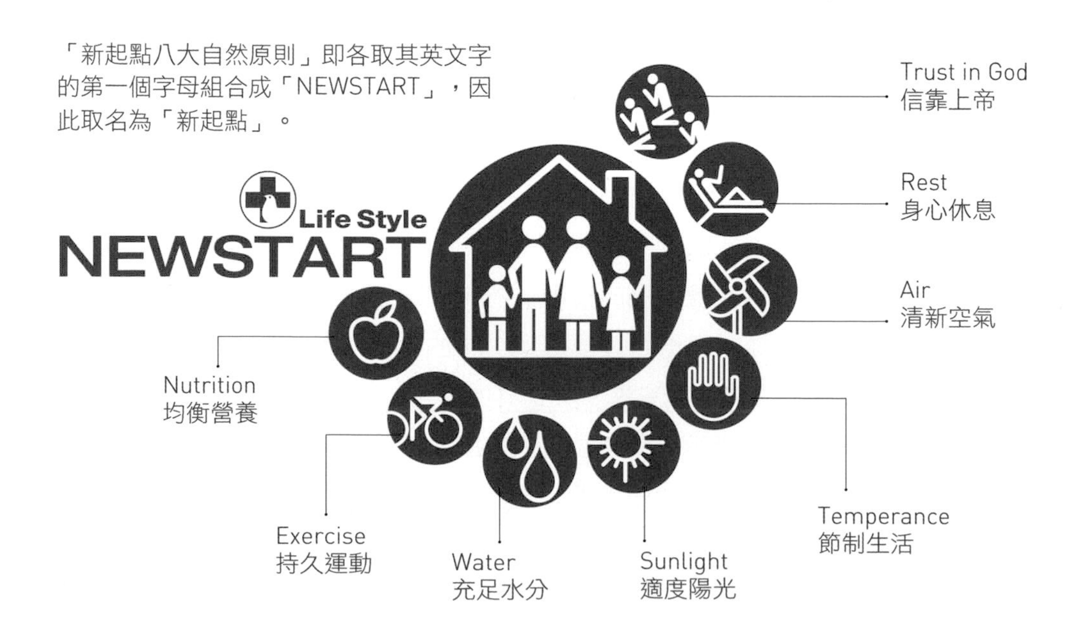

「新起點八大自然原則」即各取其英文字的第一個字母組合成「NEWSTART」，因此取名為「新起點」。

本院實施推廣新起點飲食計畫，不但可幫助人們建立良好的飲食習慣及生活型態，更重要的是可以預防和改善癌症、慢性疾病，並可強化身體的免疫力。為了健康兼具美味的餐點，還要結合實證醫學，讓佳餚更具保健功效。

新起點健康素食強調的重點

1 全穀雜糧類為主食的最佳來源

包括糙米、全大麥、全小麥、全燕麥、全蕎麥、全小米、紫糯米、粗紅薏仁等；也搭配紅豆、綠豆、花豆、蓮子、胚芽米為碳水化合物提供熱量的最佳選擇，除了提供醣類和少量蛋白質外，更含有豐富的維生素 B 群（維生素 B_1、B_2、菸鹼酸）、礦物質（如：鐵、鋅、鈣、硒等）及膳食纖維。

每 100 公克的穀類含營養素

成份品名	熱量（卡）	纖維（克）	蛋白質（克）	脂肪（克）	醣類（克）	鈣 (mg)	鐵 (mg)	E (α-TE)	B_1 (mg)	B_2 (mg)
糙米	364	3.3	7.9	2.6	75.6	6	2.6	0.50	0.48	0.05
胚芽米	357	2.2	7.2	2.7	73.9	10	0.8	0.89	0.34	0.05
白米	353	0.2	7.0	0.6	77.7	6	0.2	0.13	0.1	0.03
全麥麵粉	358	5.7	13.0	1.7	71.1	8	2.4	0.46	0.18	0.05
中筋麵粉	359	0.8	12.1	1.4	72.8	17	0.7	0.29	0.12	0.03
燕麥	402	5.1	11.5	10.1	66.2	39	3.2	1.73	0.47	0.08
薏仁	373	1.4	13.9	7.2	62.7	8	2.7	0.29	0.39	0.09
玉米粒	93	1.7	2.1	0.6	19.8	2	0.5	0.06	0.03	0.05

出處：行政院衛生福利部「台灣地區食品營養成分資料庫」

2 植物性飲食可減少癌症發生率

世界癌症基金會和美國國家癌症中心研究指出：35% 的癌症與飲食有關，研究證實唯有植物性飲食可減少癌症發生率，因為植物性飲食含有大量纖維素，能結合腸道中的膽酸促進腸道蠕動，縮短致癌物停滯在腸道的時間，代謝排出維持腸道細胞健康和有益菌的正常生態。蔬果含有很高的維生素 A、C 外，更具有一些有益於健康的特殊營養成分，如紅蘿蔔素、茄紅素、花青素、異黃酮等具高抗氧化劑，有助於身體掃除自由基和代謝氫化物，抗病菌、抗衰老等功效。

3 植物性蛋白質取代動物性蛋白質

豆類是植物性食物中少數可提供豐富蛋白質的食物，可做為素食者攝取蛋白質的主要來源。可從黃豆及其加工製品（包括黃豆、各類豆腐、各類豆干、臭豆腐、豆腐皮、豆漿等。），尤其是黃豆和黑豆更是高生理價值的蛋白質來源，其次為黃豆製品的豆皮、豆腐、豆干、豆漿、豆花等，故建議一定要依據飲食指南攝取到足夠份量的豆類食品，以滿足其蛋白質營養需求。另外歸類於穀類的紅豆、綠豆、豌豆、皇帝豆、蠶豆等食物，也含有不少蛋白質量，被歸類為全穀雜糧類食物澱粉質豆科類，並不屬於此類食物，不可與豆類食品相互取代。

4 堅果入菜，提升菜餚色香味

因煎、炒、炸等烹調方法，容易使烹調用油超過發煙點以上，此時油脂開始變質，產生自由基和聚合物質。如果將相同的烹調用油重覆使用，會隨著溫度與時間的增加，讓油脂發生氧化、異構化、熱分解與聚合作用，長久這般的烹調習慣之下，會讓你體內產生較多的自由基。反之，利用堅果種子醬汁替代提煉精製油（烹調用油）做菜餚（如：腰果奶、芝麻醬、香茅豆奶），不僅可以避免自由基對健康危害，並能將食物的美味與營養做了最佳的結合。（堅果種子類食物指黑芝麻、白芝麻、杏仁果、核桃、腰果、開心果、夏威夷豆、松子仁、各類瓜子等。富含植物性蛋白質、脂肪、維生素 A、E 及礦物質。）

5 改變烹調觀念，改以蒸、煮、燙、涼拌

因高溫烹煮，不僅容易破壞食物的營養，且烹調用油（提煉油）在高溫下，容易氧化產生自由基之毒物，易使細胞老化或致癌。最好避免油煎、油炸，改以蒸、煮、燙、涼拌、滷、燉、烤、燻等簡單安全又健康的烹調方式。

6 善用天然調味料，增添風味、變化色彩

建議最好使用天然溫和香料，例如：蒜、韭菜、青蔥、洋蔥、芫荽（香菜）、迷迭香、百里香、巴西利、鬱金香粉、薄荷葉、蒔蘿草、甜蘿勒……等，不僅可增添菜餚的香味、顏色、保存期限，同時還含有豐富的維生素、礦物質、纖維素及植物性化合物等。根據一些研究報告顯示：選用天然香料做為菜餚的調味品，有助促進新陳代謝、預防及協助控制慢性疾病及癌症。

素食是營養完整的飲食

本人從事營養醫療工作多年來，常被問及吃素營養夠嗎？會不會容易體力不足，是否有貧血等問題。許多人仍然對素食存著很多疑問與戒心，但是大家都注意到一個現象，也就是當有人罹患惡性腫瘤時，第一時間就是將飲食改為吃素，是什麼原因呢？許多人都認為改吃素，疾病就會快一點好轉。事實上，近年來國內外醫學研究也證實，素食對於許多慢性疾病具有預防效果，包括癌症、高血壓、高血脂及糖尿病等慢性疾病，且素食持續年數越久，在體重、血壓維持的幅度也比非素食者更佳。舉例美國有兩個大型研究結果顯示健康素食對身體的益處。

1

美國俄亥俄州的克里夫蘭醫院克德威爾・艾索斯丁醫師（Dr. Calldwell B. Esselstyn, Jr.）是美國外科名醫之一，對冠狀動脈心臟病的研究已有多年，他指出：「醫療、血管攝影、手術都只能治標不能治本」，唯有避免油脂、肉類、魚類、家禽與乳製品，依靠純植物性飲食的營養，才能扭轉重度心血管疾病患者的不適，遏止疾病的其他併發症的出現。更重要的是在他二十多年的經驗中，採用植物性飲食後，不曾有任何人出現蛋白質缺乏的情形。

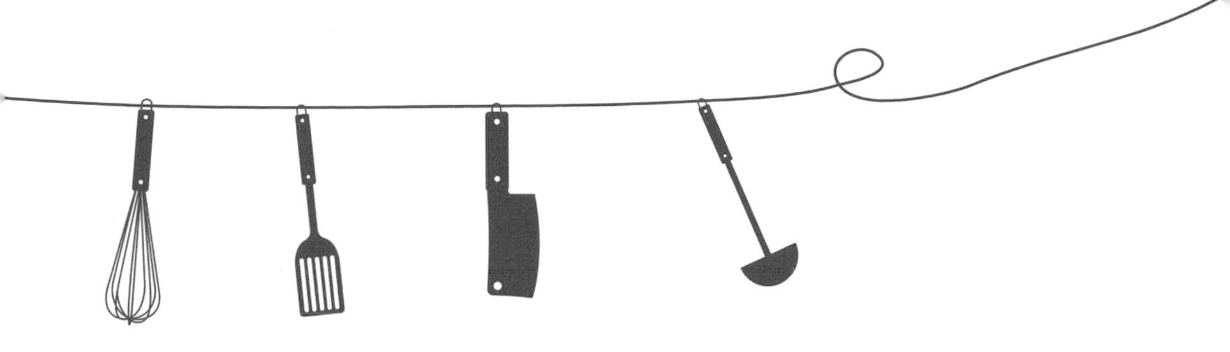

2

美國責任醫療內科醫生委員會（PCRM）會長伯納醫師（Dr. Neal Barnard），曾發表純素食飲食對第二型糖尿病的控制效果：不論在糖化血色素、體重、低密度脂蛋白膽固醇及蛋白尿，都比依照美國糖尿病學會（ADA）飲食的病人有更顯著的改善。

美國營養學會期刊刊載，不管任何素食，只要「妥善規劃」全素或純素，不僅有益身體健康，提供充足的營養，更能有效預防和治療心臟病，肥胖症、糖尿病等慢性疾病和癌症。多樣均衡的素食飲食適合人生各個階段，加拿大營養學會聲明：素食是營養完整的飲食，符合各年齡層的營養和能量需求。

國內也有訂出素食的飲食指南：素食飲食之制定主要分為「純素」、「蛋素」、「奶素」、「奶蛋素」四種，但在草案時有第五種素食：植物五辛素。植物五辛素即是本院實施的新起點健康素食。素食者依個人熱量需求，依素食飲食指南攝取六大類飲食建議份數，並建議在同一類食物選擇多樣化，以當季在地且未過度精製加工之新鮮食材為主要來源，即可達到「營養均衡」且預防營養素缺乏或過多之目標。新起點每日飲食計劃表（見下頁），其三大營養素外還有其他礦物質，如鈣、鐵、鎂、鋅等營養素均超過 70%DRIs（Dietary Reference Intakes，國人膳食營養素參考攝取量），所以不用擔心營養素不足的問題。

新起點每日飲食計劃表

熱量 1200 大卡

食物單位（份）	早	中	晚
全穀雜糧類（醣類）	3	3	3
黃豆及其製品（蛋白質）	1	1	1
蔬菜類	1	2	1½
水果類	-	1	1
堅果種子類（油脂類）	1	1	1

熱量 1300 大卡

食物單位（份）	早	中	晚
全穀雜糧類（醣類）	3	4	3
黃豆及其製品（蛋白質）	1	1½	1
蔬菜類	1	2	1½
水果類	-	1	1
堅果種子類（油脂類）	1	1	1

熱量 1400 大卡

食物單位（份）	早	中	晚
全穀雜糧類（醣類）	3	4	4
黃豆及其製品（蛋白質）	1	2	1
蔬菜類	1	2	1½
水果類	-	1	1
堅果種子類（油脂類）	1	1	1

熱量 1500 大卡

食物單位（份）	早	中	晚
全穀雜糧類（醣類）	3	4	4
黃豆及其製品（蛋白質）	1	2	1½
蔬菜類	1	2	2
水果類	-	1	1
堅果種子類（油脂類）	1	2	1

熱量 1600 大卡

食物單位（份）	早	中	晚
全穀雜糧類（醣類）	4	4	4
黃豆及其製品（蛋白質）	1	2	1½
蔬菜類	1	2	2
水果類	-	1	1
堅果種子類（油脂類）	1	2	2

熱量 1700 大卡

食物單位（份）	早	中	晚
全穀雜糧類（醣類）	4	4	4
黃豆及其製品（蛋白質）	1	2	2
蔬菜類	1	2	2
水果類	1	1	1
堅果種子類（油脂類）	1	2	1½

素食較容易缺乏的營養素為維生素 B_{12}，所以建議從藻類食物中攝取，紫菜的維生素 B_{12} 含量非常豐富，且已被證實對人體具有生物活性，可以預防素食者可能發生的維生素 B_{12} 缺乏症。蔬菜中的菇類，例如：香菇、杏鮑菇、鮑魚菇、喜來菇、珊瑚菇等，與藻類食物如：麒麟菜、海帶、裙帶菜、紫菜等亦含有維生素 B_{12}，建議素食者飲食中蔬菜應包含一份菇類和藻類的食物。

另可參考「每日飲食指南」的建議，選擇符合個人的熱量需求，再依據「素食飲食指南」建議攝取份量。

素食飲食指南 1200 ～ 2700 大卡飲食各類食物份數（以純素為例）

熱量	1200大卡	1500大卡	1800大卡	2000大卡	2200大卡	2500大卡	2700大卡
食物類別	份數						
全穀雜糧類（碗）	1.5	2.5	3	3	3.5	4	4
全穀雜糧類（未精製）*(碗）	1	1	1	1	1.5	1.5	1.5
全穀雜糧類（其他）*(碗）	0.5	1.5	2	2	2	2.5	2.5
豆類（份）	4.5	5.5	6.5	7.5	7.5	8.5	10
蔬菜類（碟）	3	3	3	4	4	5	5
水果類（份）	2	2	2	3	3.5	4	4
油脂與堅果種子類（份）	4	4	5	6	6	7	8
油脂類（茶匙）	3	3	4	5	5	6	7
堅果種子類（份）	1	1	1	1	1	1	1

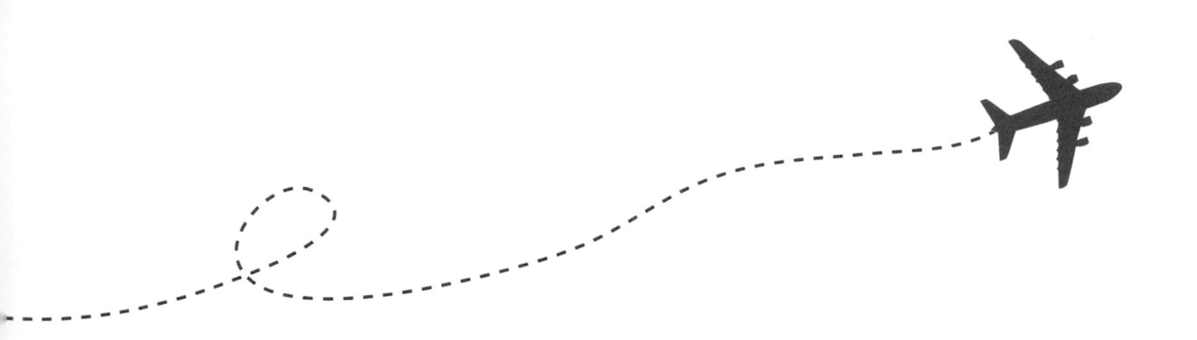

吃得好，吃得巧，還要吃得剛剛好

據世界衛生組織（WHO）估計，水果及蔬菜攝取不足，造成全球約 14% 胃腸道癌症死亡，11% 缺血性心臟病死亡，以及 9% 中風死亡。而攝取足量的蔬菜及水果，可以預防如心臟病、癌症、糖尿病和肥胖等慢性疾病。

依國民健康署 2013 ～ 2016 年之國民營養健康調查顯示，我國 19 ～ 64 歲成人有營養攝取不足或過量問題。以每日需求熱量 2000 大卡之六大類飲食建議量估算，我國 19 ～ 64 歲成人每日平均「豆魚蛋肉」攝取超過建議攝取量 6 份有 53%、全穀雜糧攝取超過建議攝取量 3 碗有 49%、油脂類超過建議攝取量 5 茶匙的有 39%，顯示國人在攝取六大類食物有極高比例未達到均衡飲食。建議大家根據每日飲食指南和指標，落實均衡飲食，讓您「體重沒煩惱、精神百倍佳、健康跟著來」。

我們一天到底要吃多少食物才夠呢？衛生福利部有公告一日飲食建議量，也有簡單版告訴大家午餐和晚餐要攝取的份量供民眾參考。

成人午晚餐建議攝取量

女性 熱量 600 ～ 700 大卡		男性 熱量 800 ～ 900 大卡
4 ～ 5 份	全穀雜糧類 （1 份為 ¼ 碗乾飯、½ 碗稀飯）	6 ～ 7.5 份
1.5 ～ 2 份	豆魚肉蛋類 （1 份為不含骨頭 ¼ 碗量）	2.5 份
2.5 份	油脂類 （1 份為陶瓷湯匙 ⅓ 匙）	2.5 份
1.5 份	蔬菜類 （1 份為熟菜 ½ 碗量、生菜 1 碗）	1.5 份
1 份	水果類 （1 份為拳頭大小 1 個）	1 份

團隊合作孕育《漫遊舒食異國料理》

《漫遊舒食異國料理》結合營養師群的專業創意和廚師們的易牙巧手，將各國菜單規劃與營養素分析及列出食譜中一人份的各類食物份數表，融合各國名菜，運用臺灣在地天然蔬食，結合新起點的烹飪法則，開創有別於傳統素食的新風貌，也將「新起點飲食」再次進化！

感謝營養課營養師群和廚師團隊的辛勞付出，還要感謝本課同仁郭惠美給我們正確且超效率的成分分析結果，以及蔡佳倫協助整理食譜文字，在此一併感謝。大家辛苦了，但勉勵所有參與的同仁，付出的人永遠是學習最多的人。

也期望本書能教育社會大眾建立更健康的飲食觀念和烹調觀念，並將預防醫學的理念落實於生活飲食習慣及食材選購中。

參與本書製做的營養師和廚師成員介紹請見第 164、165 頁。

本書使用說明

臺灣飲食堪稱世界各國料理齊放異彩的大融爐，豐富的異國美食，總能滿足每一位饕客的脾胃；但說到「素食」，總難跳脫口味清淡的刻板印象，更難與「異國料理」聯想在一起。其實運用天然蔬食，也可以做出異國料理的豐富滋味喔！

本書由臺安醫院營養課設計出 7 大種類 78 道料理：有西餐的排餐、焗烤、燉飯；泰式料理的紅咖哩、椒麻排、月亮紅餅；韓式料理的各類涼拌泡菜、石鍋拌飯；日式的手卷、壽司、天婦羅；還有我們熟悉的中華料理佳餚。

這 78 道異國料理，絕對顛覆讀者對一般素食的傳統印象，除了美味，對於健康的要求也是一點也不馬虎，每道食譜都有專業的營養成分分析及標示，讓讀者不僅吃得美味，也吃得營養健康。

營養成分分析

本書所示範的食譜，供應份數皆為 6 人份。所以，熱量、蛋白質、脂肪、碳水化合物（醣類）、膳食纖維、鈉的含量，皆是 6 人份的總計。若食用人數增加或減少，可依人數乘算變換食材份量。營養成分分析表是依照行政院衛生福利部編（2011 年）台灣地區食品營養成分資料庫，採用四捨五入法計算。

營養師特別為需要體重控制者或慢性病患者，參照《台灣常見食品營養圖鑑》，計算出每道食譜一人份各類食物：主食類、黃豆及製品、油脂與堅果種子類、蔬菜類、水果類、黑糖或蜂蜜，所佔的份數。如此貼心的營養成分分析，市面上少見喔！

份數值最低為 0.5 份，取整數，小數點 0.5 份的一半即進位。因此羅宋湯（p. 62）和昆布湯（p.136），因其份數值未達最小值 0.5，因此不顯示其分析表。

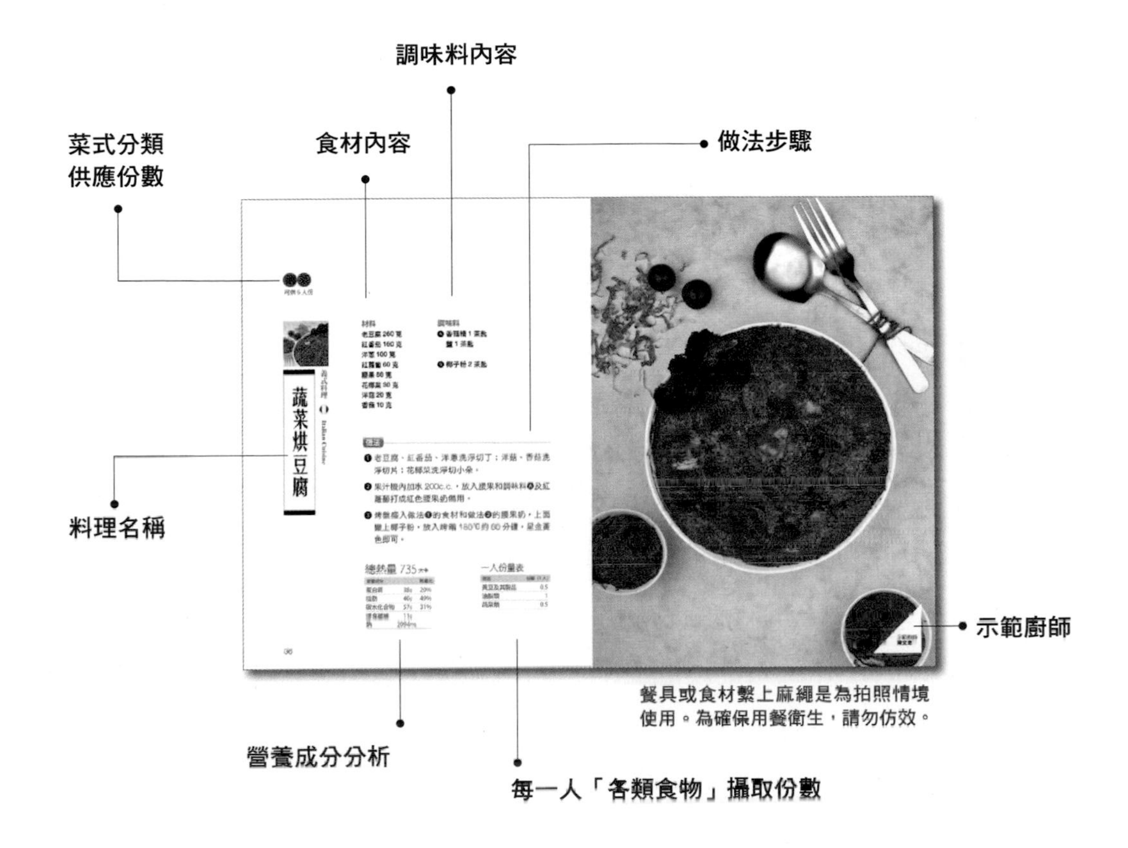

計量標準及計量間的代換

量杯與量匙可在一般超市、大賣場、五金百貨、生活雜貨用品店買到。在量取材料時，以齊平量杯、量匙為標準。

1 杯＝ 16 大匙＝ 240c.c.
1 大匙＝ 15c.c.
1 茶匙＝ 5c.c.
½ 茶匙＝ 2.5c.c.
1 克＝ 1c.c.

調味食材

本書所使用的調味料，皆是天然香料食材所製做的，不僅增加食物美味、口感、提升對食物的接受性，而且這些調味食材含有益身體的物質。根據一些研究報告顯示：選用天然香料作調味品，有助降低心血管疾病、糖尿病及癌症的發生率。

下頁所列為本書使用到的天然香料調味食材，可至一般大型超市、有機商店購買。

天然香料調味食材

Ingredients & Spices

山葵

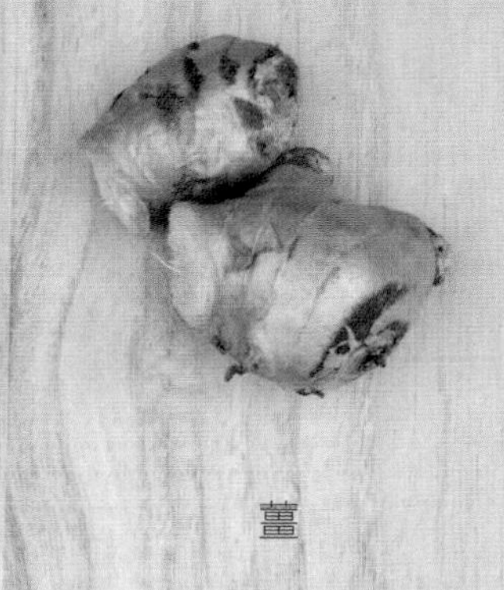

薑

月桂葉

檸檬葉

檸檬

南薑

紅椒粉

鬱金香粉

香蒜粉

羅勒葉

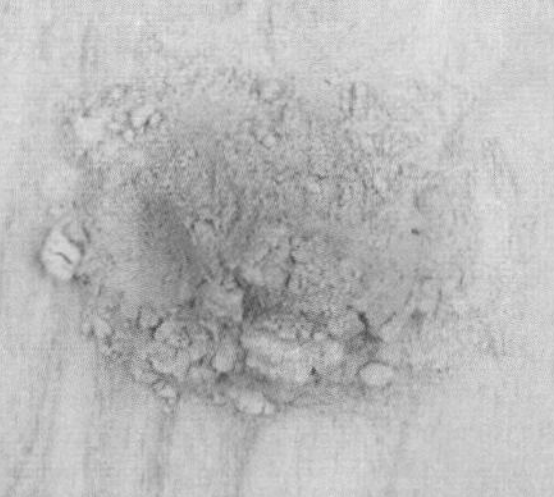

洋蔥粉

匈牙利紅椒粉

番茄莎莎醬
洋蔥濃湯
番茄焗烤豆腐
焗烤大白菜
蔬菜烘豆腐
燉時蔬
堅果燉飯
黑糖奶酪
番茄義大利麵
白醬義大利麵
青醬毛豆義大利麵

義大利
飲食文化

此文化最早可追溯至西元前 4 世紀，深受古希臘、古羅馬、拜占庭、猶太、阿拉伯等文化的影響。是西餐的起源，有「西餐之母」的美稱。

享譽全球的義大利麵（PASTA）和相當受歡迎的大眾美食披薩（PIZZA），作為代表性。番茄是現代義大利料理中不可或缺的食材。

通常義大利人習慣將材料與配料一起烹煮，讓味道能夠盡可能釋放出來，此即為義大利菜的基本特色。另一項烹調特色是運用非常多的植物香料（Herbs），其主要的功能是要引出烹調的食物原味，如果沒有植物香料相佐，義大利的美食就不成為美食了。

參考文獻
張玉欣、楊秀萍《飲食文化概論》第二版，揚智，2011

義式料理
Italian Cuisine

前菜

可供6人份

番茄莎莎醬

義式料理 Italian Cuisine

材料

番茄429克
洋蔥75克
黑橄欖45克
九層塔14克

調味料

甜蘿勒6克
香蒜粉6克
洋蔥粉6克
檸檬2大匙
鹽1茶匙

做法

❶ 將番茄、洋蔥、九層塔洗淨切丁，黑橄欖切丁，備用。

❷ 將調味料放入盤中，加入做法❶所有材料拌勻即可。

❸可單吃或搭配土司、麵包食用皆適宜。

總熱量 292大卡

營養成分		熱量比
蛋白質	8g	11%
脂肪	8g	25%
碳水化合物	47g	64%
膳食纖維	8g	
鈉	2442mg	

一人份量表

類別	份數（1人）
蔬菜類	1

示範廚師
陳秋英

可供 6 人份

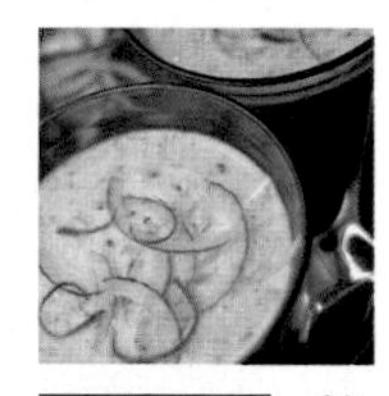

洋蔥濃湯

義式料理 Italian Cuisine

材料

紫洋蔥 800 克
白洋蔥 400 克
腰果 120 克

調味料

藕粉 2 大匙
甜蘿勒 1 大匙
鹽 1 茶匙
香菇精 1 茶匙

做法

❶ 果汁機內加水 1 杯，放入腰果打成腰果奶。

❷ 白洋蔥洗淨，切成小丁備用；紫洋蔥洗淨，切成小丁放入已預熱上下火 170℃烤箱內，烤 20 分鐘。

❸ 鍋內加水 2000c.c. 倒入白洋蔥丁，先煮開，再加入腰果奶、甜蘿勒、香菇精、鹽，小火煮開，最後加入烤好的紫洋蔥丁，煮熟後，起鍋前再加藕粉勾薄芡，即為洋蔥濃湯。

總熱量 1349 大卡

營養成分		熱量比
蛋白質	40g	12%
脂肪	61g	41%
碳水化合物	160g	47%
膳食纖維	23g	
鈉	2028mg	

一人份量表

類別	份數（1人）
油脂類	2
蔬菜類	2

示範廚師
陳秋英

可供 6 人份

番茄焗烤豆腐

義式料理 Italian Cuisine

材料

大番茄 450 克
生腰果 300 克
豆腐 180 克
青豆仁 30 克

調味料

三育豆奶 90c.c.
香菇精 9 克
鹽 7 克
熱開水 520c.c.

做法

1. 將豆腐洗淨，壓成泥，去水壓乾，備用。
2. 將青豆仁洗淨，壓成末，備用。
3. 將腰果加入鹽、香菇精和熱開水 520c.c.，打勻成腰果醬，放涼後備用。
4. 豆腐泥、青豆仁末、三育豆奶打勻，填入挖空的大番茄內，再鋪上腰果醬。
5. 將填好料的大番茄放入烤箱中，以上火 200℃、下火 150℃烤約 2 分鐘，烤至金黃色即可。

總熱量 2191 大卡

營養成分		熱量比
蛋白質	83g	15%
脂肪	151g	62%
碳水化合物	125g	23%
膳食纖維	17g	
鈉	3088mg	

一人份量表

類別	份數（1 人）
黃豆及其製品	0.5
油脂類	4.5
蔬菜類	0.5

示範廚師
李泊沛

可供 6 人份

焗烤大白菜

義式料理 Italian Cuisine

材料

大白菜 1 個
洋菇 24 克
紅蘿蔔 15 克
香菇 15 克

調味料

生腰果 50 克
全麥麵粉 2 大匙
香菇精 1 茶匙
鹽 1 茶匙
椰子粉 1 茶匙

做法

❶ 所有材料洗淨；大白菜、洋菇、香菇切片；紅蘿蔔切絲；全部汆燙後，瀝乾水分，裝進焗烤盤，備用。

❷ 將腰果、香菇精、鹽和水 1000c.c. 打成腰果奶後，再混合全麥麵粉，倒入做法❶中拌勻，再撒上椰子粉，放入烤箱，用上火 200℃，下火 180℃烤 40 分鐘。

總熱量 569大卡

營養成分		熱量比
蛋白質	25g	18%
脂肪	29g	46%
碳水化合物	52g	36%
膳食纖維	13g	
鈉	2298mg	

一人份量表

類別	份數（1 人）
油脂類	0.5
蔬菜類	1

示範廚師
劉佳禾

副菜

可供 6 人份

蔬菜烘豆腐

義式料理  Italian Cuisine

材料

老豆腐 260 克
紅番茄 160 克
洋蔥 100 克
紅蘿蔔 60 克
腰果 50 克
花椰菜 30 克
洋菇 20 克
香菇 10 克

調味料

Ⓐ 香菇精 1 茶匙
鹽 1 茶匙

Ⓑ 椰子粉 2 茶匙

做法

❶ 老豆腐、紅番茄、洋蔥洗淨切丁；洋菇、香菇洗淨切片；花椰菜洗淨切小朵。

❷ 果汁機內加水 200c.c.，放入腰果和調味料Ⓐ及紅蘿蔔打成紅色腰果奶備用。

❸ 烤盤盛入做法❶的食材和做法❷的腰果奶，上面撒上椰子粉，放入烤箱 180℃約 60 分鐘，呈金黃色即可。

總熱量 735 大卡

營養成分		熱量比
蛋白質	38g	20%
脂肪	40g	49%
碳水化合物	57g	31%
膳食纖維	11g	
鈉	2094mg	

一人份量表

類別	份數（1 人）
黃豆及其製品	0.5
油脂類	1
蔬菜類	0.5

示範廚師
陳文忠

可供 6 人份

燉時蔬

義式料理 Italian Cuisine

材料

A 洋蔥 210 克
玉米筍 200 克
紅蘿蔔 90 克
新鮮洋菇 90 克
香菇 10 克
椰子粉 1 茶匙

B 生腰果 40 克
香蒜粉 1 茶匙
匈牙利紅椒粉 1 茶匙

調味料

香菇精 1 茶匙
鹽 1 茶匙

做法

1. 洋蔥、紅蘿蔔洗淨切塊，洋菇、香菇洗淨對半切，玉米筍洗淨切條狀。
2. 將材料A先用水 200c.c. 煮開，再加鹽、香菇精，小火煮 10 分鐘。
3. 將材料B加水 100c.c. 放入果汁機攪打，再煮開起鍋。
4. 最後材料B的醬汁淋到材料A的菜餚，撒上椰子粉即完成。

總熱量 541 大卡

營養成分		熱量比
蛋白質	20g	15%
脂肪	25g	41%
碳水化合物	59g	44%
膳食纖維	15g	
鈉	2142mg	

一人份量表

類別	份數（1 人）
油脂類	0.5
蔬菜類	1

示範廚師
劉佳禾

可供 6 人份

堅果燉飯

義式料理  Italian Cuisine

材料

胚芽米飯 360 克
高麗菜絲 120 克
腰果 60 克
金針菇 50 克
鮑魚菇 50 克
紅蘿蔔 40 克
青江菜 25 克
洋菇 20 克
香菇 10 克

調味料

醬油 2 茶匙
鹽 1 茶匙
香菇精½茶匙
洋蔥粉少許

做法

❶ 紅蘿蔔、香菇洗淨切絲，鮑魚菇、洋菇洗淨切片，高麗菜洗淨切絲，金針菇洗淨切段，炒鍋加水30c.c. 放入以上材料和調味料炒熟。

❷ 腰果加水 1 杯倒入果汁機，打成腰果醬汁。

❸ 將胚芽米飯放入做法❶炒料拌炒，再加入腰果醬汁拌勻後放入蒸箱約 10 分鐘後取出，搭配燙熟青江菜。

總熱量 1738 大卡

營養成分		熱量比
蛋白質	46g	10%
脂肪	38g	20%
碳水化合物	303g	70%
膳食纖維	16g	
鈉	2604mg	

一人份量表

類別	份數（1 人）
主食類	3
油脂類	1
蔬菜類	0.5

示範廚師
陳文忠

可供 6 人份

黑糖奶酪

義式料理  Italian Cuisine

材料
三育豆奶 107c.c.
黑糖 47 克
果凍粉 2 克
洋菜粉 1 克

總熱量 366 大卡

營養成分		熱量比
蛋白質	14g	15%
脂肪	10g	25%
碳水化合物	55g	60%
膳食纖維	4g	
鈉	598mg	

一人份量表

類別	份數（1 人）
黑糖	0.5

做法

❶ 將三育豆奶、黑糖、加 161c.c. 的水倒入鍋中，以小火慢慢煮，再將果凍粉及洋菜粉依序倒入鍋中，慢慢攪拌直到煮滾，將火關掉，把泡泡撈掉。
❷ 倒入容器中，待涼再放入冰箱冷藏即可。

主菜
可供 6 人份

番茄義大利麵

義式料理  Italian Cuisine

材料
義大利麵 600 克
老豆腐 200 克

調味料
洋蔥 450 克
腰果 60 克
新鮮番茄 50 克
蒜粉 6 茶匙
醬油 1 大匙
鹽 1 ½茶匙
甜蘿勒 1 ½茶匙
海苔絲 1 茶匙

做法

❶ 義大利麵先於一旁煮熟，瀝乾水分，待冷備用。
❷ 將所有調味料放進調理機加開水 3 杯打成番茄糊（紅醬），海苔絲放一旁備用。
❸ 將老豆腐切小丁與醬油浸泡，再放入紅醬中浸泡 10 分鐘，之後放入烤箱 180℃烤至金黃色。
❹ 義大利麵和烤好的金黃豆腐一起拌勻，最後放入海苔絲。

總熱量 3049大卡

營養成分		熱量比
蛋白質	118g	16%
脂肪	41g	12%
碳水化合物	552g	72%
膳食纖維	11g	
鈉	2478mg	

一人份量表

類別	份數（1人）
主食類	5
黃豆及其製品	0.5
油脂類	1
蔬菜類	1

示範廚師
莊玉雲
陳秋英

主菜

可供 6 人份

白醬義大利麵

義式料理

Italian Cuisine

材料

義大利麵 600 克
洋菇片 150 克
洋蔥絲 90 克
黃豆 40 克
甜蘿勒 2 大匙

調味料

生腰果 105 克
鹽 8 克
香菇精 2 茶匙
香蒜粉 1 大匙
水 150c.c.

做法

❶ 黃豆洗淨泡水 8 小時備用。

❷ 義大利麵煮熟備用。

❸ 將所有調味料與黃豆放入果汁機，打勻成白醬備用。

❹ 洋菇、洋蔥洗淨分別切片、切絲，放入鍋中，加水 50c.c. 煮開，再加入麵條拌勻。

❺ 將做法❸的白醬加入做法❹中，起鍋前再加入甜蘿勒。

總熱量 3181 大卡

營養成分		熱量比
蛋白質	123g	16%
脂肪	61g	17%
碳水化合物	535g	67%
膳食纖維	17g	
鈉	3372mg	

一人份量表

類別	份數（1 人）
主食類	5
黃豆及其製品	0.5
油脂類	1.5
蔬菜類	0.5

示範廚師
劉佳禾

主菜

可供 6 人份

青醬毛豆義大利麵

義式料理 Italian Cuisine

材料

義大利麵 480 克
毛豆 150 克
九層塔 150 克
腰果 120 克
蒜末 90 克
松子 20 克

調味料

蜂蜜 1 大匙
鹽 1 茶匙

做法

❶ 義大利麵放入滾水中，煮約 10 ～ 15 分鐘至熟，撈起待涼。

❷ 毛豆、九層塔、腰果、蒜末加水一杯和調味料，全倒入果汁機攪拌，盛起備用，然後再放入已涼的義大利麵於盤中，拌勻即可。

❸ 松子放入烤箱 180℃烤約 5 分鐘至金黃色，取出後撒在義大利麵上。

總熱量 2914 大卡

營養成分		熱量比
蛋白質	115g	16%
脂肪	79g	24%
碳水化合物	437g	60%
膳食纖維	20g	
鈉	2064mg	

一人份量表

類別	份數（1 人）
主食類	4
黃豆及其製品	0.5
油脂類	2

示範廚師
陳文忠

拌南瓜片
墨西哥蔬菜薄餅
墨西哥口袋餅
堅果南瓜餅

墨西哥
飲食文化

墨西哥料理混合本土和歐洲的食物材料，加上印第安人（大多為阿茲特克族）和西班牙人的烹調技術所烹煮出來的菜餚，可以說是獨一無二。

第十五世紀是阿茲特克帝國的高峰期，根據早期西班牙探險隊的文件記載，當時的阿茲特克貴族使用超過 1000 種各式各樣的食材來做菜。隨著西班牙人的到來，墨西哥人開始引進了肉桂、大蒜、洋蔥、米、甘蔗、小麥等農作物。

將這些從西班牙引進的新食材和土產的食材融合後，居民製做出許多經典的墨西哥菜，例如：玉米薄餅、莎莎醬、和加豆子煮的飯。豆類食物在墨西哥人的三餐裡，幾乎無所不在，他們喜歡將豆子拿來做成內餡或做為副食。墨西哥菜以填塞內餡的方式聞名。

Kittler / Sucher 合著，全中好審譯《世界飲食文化》，桂魯，2000

墨西哥料理
Mexican Cuisine

可供 6 人份

拌南瓜片

墨西哥料理 Mexican Cuisine

材料

南瓜 600 克

調味料

巴西利末 100 克
蒜末 100 克
白芝麻 2 大匙
香菇精 1 茶匙
鹽 1 茶匙

做法

❶ 南瓜先洗淨再切片，汆燙後瀝乾水分備用。

❷ 南瓜待涼後，加入蒜末、白芝麻、鹽、香菇精調味拌勻，最後撒上巴西利。

總熱量 637 大卡

營養成分		熱量比
蛋白質	23g	14%
脂肪	17g	24%
碳水化合物	98g	62%
膳食纖維	16g	
鈉	2028mg	

一人份量表

類別	份數（1 人）
主食類	0.5
油脂類	0.5

示範廚師
陳秋英

可供 6 人份

墨西哥蔬菜薄餅

墨西哥料理

Mexican Cuisine

材料

花豆 500 克
番茄 200 克
洋蔥 170 克
美生菜 160 克
西洋芹 120 克
墨西哥餅皮 6 片

調味料

蜂蜜 2 大匙
番茄糊 2 大匙（做法請見 p.42）
洋蔥粉 1 茶匙
香蒜粉 1 茶匙
鹽 3 克
匈牙利紅椒粉 ½ 茶匙

做法

❶ 番茄、洋蔥洗淨去皮、西洋芹洗淨，都切丁；美生菜撕成小片。
❷ 花豆洗淨泡水 4 小時再煮熟備用。
❸ 番茄、洋蔥、西洋芹、花豆與所有調味料一起調和成餡料。
❹ 墨西哥餅皮放入平底鍋乾煎加熱撈起。
❺ 將美生菜鋪在餅皮上，淋上餡料即可。

墨西哥餅皮做法

材料

Ⓐ玉米粒 25 克
Ⓑ高筋麵粉 280 克、全麥麵粉 70 克、芝麻醬 13 克、杏仁醬 5 茶匙、黑糖½茶匙、鹽½茶匙

做法

1. 玉米粒加水 240c.c. 放入果汁機打成玉米漿。
2. 做法 1 和材料Ⓑ混合均勻做成麵糰。
3. 麵糰打到光滑麵糰不用打筋度。
4. 麵糰醒 25 ～ 30 分鐘，分割成 150 克，揉成圓型擀成 0.1 公分的厚度。
5. 先用大火將鍋子燒熱，再將餅皮放入鍋中，改成中火，煎成兩面呈金黃色

總熱量 3504 大卡

營養成分		熱量比
蛋白質	153g	18%
脂肪	32g	8%
碳水化合物	651g	74%
膳食纖維	104g	
鈉	2784mg	

一人份量表

類別	份數（1人）
主食類	3
油脂類	0.5

示範廚師
陳秋英
楊松峰

主菜

可供 6 人份

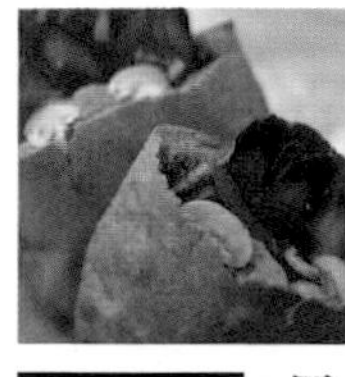

墨西哥口袋餅

墨西哥料理 Mexican Cuisine

材料

豆包絲 160 克
洋蔥絲 130 克
美生菜 120 克
紅甜椒絲 120 克
洋菇片 100 克
小黃瓜片 100 克
黃甜椒絲 90 克

調味料

香菇精 1 茶匙
鹽 1 克

做法

❶ 鍋燒熱，炒香洋蔥絲，加入洋菇片、豆包絲、水½杯和所有調味料拌炒即成餡料。

❷ 將口袋餅放進烤箱略烤至熱後切開。

❸ 餡料待冷卻後和美生菜、小黃瓜片、紅椒絲、黃椒絲依序放入口袋餅內。

全麥口袋餅

材料

中筋麵粉 300 克、全麥麵粉 135 克、黑糖 4 茶匙、杏仁醬 4 茶匙、鹽 1 茶匙、酵母 4 克、水 270c.c.

做法

1. 將所有材料拌成糰不需打筋度，麵糰微光滑就好。
2. 麵糰醒 15 分鐘，再分成 6 等分，做成圓形再醒 10 分鐘。
3. 擀成橢圓形 3 公分烘培。
4. 烤箱調整上火 170 ～ 180℃、下火 250 ～ 270℃，烤 12 ～ 15 分鐘。

總熱量 2225 大卡

營養成分		熱量比
蛋白質	105g	19%
脂肪	33g	13%
碳水化合物	377g	68%
膳食纖維	24g	
鈉	2556mg	

一人份量表

類別	份數（1 人）
主食類	3.5
黃豆及其製品	1
油脂類	0.5
蔬菜類	1

示範廚師
陳秋英
楊松峰

可供 6 人份

堅果南瓜餅

墨西哥料理 Mexican Cuisine

材料

全麥麵粉 58 克
高筋麵粉 19 克
黑糖 16 克
南瓜子 2 克
燕麥 2 克
葵瓜子 2 克
酵母粉 1.6 克
鹽 0.4 克

做法

1. 將溫水 40c.c.、黑糖、酵母粉及鹽混合，攪拌均勻後，慢慢加入高筋麵粉、全麥麵粉攪拌揉成麵糰，放入容器，上面加蓋子或保鮮膜，醒約 45 分鐘或體積增加一倍大。
2. 把麵糰擀成長條形，表面刷上一層薄薄的蜂蜜，再撒上一些南瓜子、葵瓜子、燕麥片，放進烤箱上火 190℃、下火 150℃，烤 12 至 15 分鐘即可。

總熱量 367 大卡

營養成分		熱量比
蛋白質	12g	13%
脂肪	3g	7%
碳水化合物	73g	80%
膳食纖維	26g	
鈉	1152mg	

一人份量表

類別	份數（1 人）
主食類	0.5

示範廚師
莊志宏

凱薩沙拉　大蒜醬
洋菇濃湯　南瓜醬時蔬
羅宋湯　地中海綠花椰菜
洋蔥貝果　黑胡椒素排
香蒜馬鈴薯　塔香豆排

西餐
飲食文化

西餐指西方國家的菜式（西方國家，是相對於東亞而言的歐美白人世界文化圈。西餐的準確稱呼應為歐洲美食，或歐式餐飲）。就西方各國而言，由於歐洲各國的地理位置都比較近，在歷史上又曾出現過多次民族大遷移，其文化早已相互滲透融合，彼此有了很多共同之處，在飲食禁忌和用餐習俗上也大體相同。至於南、北美洲和大洋洲，其文化也是和歐洲文化一脈相承的。因此，不管西方人是否有明確的「西餐」概念，東方人都對這部分大體相同，而又與東方飲食迥然不同的西方飲食文化統稱為「西餐」。

正規的西餐上菜有固定的順序，分別是：前菜（開胃菜）、濃湯、麵包、沙拉、副菜、主菜、甜點、飲品。而西餐常以大塊肉類為主菜，往往一餐吃下來，容易攝取過多的油脂及熱量。

參考文獻

維基百科 http://zh.wikipedia.org/wiki/ 西餐
中國吃網「西餐飲食文化介紹」http://news.cnr.cn/201301/t20130128_511874283.html

西式料理
Western Cuisine

可供 6 人份

凱薩沙拉

西式料理 Western Cuisine

材料

蘿蔓生菜 600 克
全麥土司 60 克

調味料

Ⓐ 香蒜粉 1 茶匙
甜蘿勒¼茶匙

Ⓑ 腰果 80 克
山葵 12 克
紅甜椒末 10 克
巴西利末 2 克
檸檬汁 33c.c.
冷開水 1 杯
鹽 1 茶匙
香菇精½茶匙

做法

❶ 全麥土司切丁、香蒜粉、甜蘿勒，三種拌勻混合為香勒麵包丁，烤 180℃約 15 分鐘。

❷ 將調味料Ⓑ的全部材料用果汁機打勻，即成凱薩醬。

❸ 將蘿蔓生菜洗淨，撕成片狀，泡冰水 2 分鐘後，撈起瀝乾，盛盤。

❸ 將香勒麵包丁撒在蘿蔓生菜上面，最後淋上凱薩醬即可。

總熱量 815 大卡

營養成分		熱量比
蛋白質	34g	17%
脂肪	43g	47%
碳水化合物	73g	36%
膳食纖維	16g	
鈉	2538mg	

一人份量表

類別	份數（1 人）
油脂類	1
蔬菜類	1

示範廚師
李泊沛

可供 6 人份

蘑菇濃湯

西式料理 Western Cuisine

材料

馬鈴薯 300 克
洋蔥 120 克
紅蘿蔔 100 克
洋菇 80 克

調味料

Ⓐ 腰果奶 200 克（作法請見 p.30）
鹽 1 茶匙
洋蔥粉 1 大匙
香菇精 1 茶匙

Ⓑ 藕粉 2 大匙

總熱量 615 大卡

營養成分		熱量比
蛋白質	19g	12%
脂肪	11g	16%
碳水化合物	110g	72%
膳食纖維	11g	
鈉	2142mg	

做法

❶ 馬鈴薯、紅蘿蔔洗淨切塊；洋蔥洗淨切丁；洋菇洗淨切片。
❷ 起鍋，鍋中放入 2000c.c. 的水，再加入做法❶的食材煮滾。
❸ 將調味料中的Ⓐ加入做法❷中一起煮，煮熟後，最後再加藕粉勾薄芡。

羅宋湯

西式料理 Western Cuisine

材料

老豆腐 100 克
玉米筍 50 克
番茄 33 克
洋蔥 26 克
西洋芹 20 克
馬鈴薯 16 克

調味料

月桂葉 1 ½片
甜蘿勒 1 茶匙
鹽 1 茶匙
香菇精 1 克

總熱量 196 大卡

營養成分		熱量比
蛋白質	12g	25%
脂肪	5g	22%
碳水化合物	26g	53%
膳食纖維	4g	
鈉	2030mg	

做法

❶ 老豆腐切塊、玉米筍、洋蔥、馬鈴薯、西洋芹、番茄洗淨後切塊，放置鍋中。
❷ 鍋底先放入 400c.c. 的水將 1½ 片月桂葉一起放在鍋底，煮滾約 10 分鐘。
❸ 將做法❶加入 2000c.c. 的水放置鍋中煮滾。
❹ 將做法❸的食材加入做法❷的湯鍋中，等煮滾後再加入甜蘿勒、鹽、香菇精調味，煮熟可盛裝食用。

一人份量表

類別	份數（1人）
主食類	0.5
油脂類	0.5
蔬菜類	0.5

示範廚師
陳秋英

可供 6 人份

洋蔥貝果

西式料理 Western Cuisine

材料

Ⓐ 洋蔥 111 克

Ⓑ 黑芝麻 1 大匙
白芝麻 1 大匙

Ⓒ 全麥麵粉 222 克
高筋麵粉 89 克
黑糖 55 克
洋蔥粉 4 克
鹽 3 克
酵母粉 2.4 克
溫水 178c.c.

做法

❶ 洋蔥洗淨切丁，放入烤箱上火 200℃、下火 150℃，30 分鐘，烤熟備用。

❷ 將溫水、黑糖、酵母粉、洋蔥粉及鹽混合，攪拌均勻後慢慢加入高筋麵粉、全麥麵粉攪拌揉成光滑有筋性麵糰，醒約 45 分鐘或體積增加一倍大，再把烤過的洋蔥丁拌入麵糰。

❸ 把麵糰按每等分 110 克，個別搓成長條形，把一端壓扁，然後頭尾接起來成圓形，表面沾黑白芝麻，即完成一個貝果，最後發酵 2 倍大，約 20 ～ 30 分鐘。

❹ 再把貝果放進烤箱，上火 190℃、下火 150℃，烤 25 ～ 35 分鐘，表面呈金黃色即可。

總熱量 1540 大卡

營養成分		熱量比
蛋白質	49g	13%
脂肪	20g	12%
碳水化合物	291g	75%
膳食纖維	4g	
鈉	1245mg	

一人份量表

類別	份數（1 人）
主食類	2.5
油脂類	0.5
黑糖	0.5

示範廚師
邱士哲
張家瑋

可供 6 人份

香蒜馬鈴薯

西式料理 Western Cuisine

材料

馬鈴薯 234 克

大蒜醬 17 克

總熱量 202 大卡

營養成分		熱量比
蛋白質	72g	14%
脂肪	2g	9%
碳水化合物	39g	77%
膳食纖維	4g	
鈉	34mg	

一人份量表

類別	份數（1 人）
主食類	0.5

做法

❶ 將馬鈴薯洗淨後，放入已設定上下火 200℃的烤箱中，烤約 2 小時至熟。

❷ 將烤熟的馬鈴薯劃十字後，再將大蒜醬填入馬鈴薯中。

❸ 再將馬鈴薯放入已設定上下火 150℃烤箱，烤約 15 分鐘即可。

可供 6 人份

大蒜醬

西式料理 Western Cuisine

材料

腰果（生）240 克

蒜頭 100 克

鹽 1 茶匙

香蒜粉 1 茶匙

總熱量 108 大卡

營養成分		熱量比
蛋白質	4g	15%
脂肪	8g	67%
碳水化合物	5g	18%
膳食纖維	0.6g	
鈉	138mg	

一人份量表

類別	份數（1 人）
油脂類	3.5

做法

❶ 將蒜頭、腰果洗淨備用。

❷ 將蒜頭、腰果、鹽、香蒜粉加入水 1200c.c.，用果汁機打勻，即成大蒜醬。（搭配香蒜馬鈴薯，只要做到這個步驟即可）

❸ 入鍋將醬料煮成稠狀（煮熟）即可食用。

示範廚師
陳秋英

可供 6 人份

南瓜醬時蔬

西式料理 Western Cuisine

可供 6 人份

材料

南瓜 400 克
西洋芹 260 克
紅蘿蔔 200 克
玉米筍 120 克
腰果 ½ 杯

調味料

鹽 1 茶匙
蜂蜜 8 克

做法

❶ 南瓜洗淨，去皮，切塊，蒸熟。

❷ 西洋芹跟紅蘿蔔、玉米筍，洗淨，切丁，氽燙備用。

❸ 腰果和水 2 杯放入果汁機內，打成醬汁，煮熟。

❹ 做法❸的醬汁放涼，加入南瓜，搗成泥狀後，加入鹽和蜂蜜調味備用。

❺ 將西洋芹、紅蘿蔔、玉米筍放入做法❹中均勻攪拌即可。

總熱量 940 大卡

營養成分		熱量比
蛋白質	31g	13%
脂肪	40g	38%
碳水化合物	114g	49%
膳食纖維	20g	
鈉	2436mg	

一人份量表

類別	份數（1人）
主食類	0.5
油脂類	1
蔬菜類	1

示範廚師
陳秋英

可供 6 人份

地中海綠花椰菜

西式料理 Western Cuisine

可供 6 人份

材料

綠花椰菜 600 克
紅蘿蔔 120 克

調味料

鹽 1 茶匙
香菇精 1 茶匙
素香鬆 ½ 杯（做法請見 p.142）

做法

❶ 綠花椰菜洗淨，切成小朵，汆燙備用。

❷ 紅蘿蔔洗淨，切成片狀，汆燙備用。

❸ 將綠花椰菜、紅蘿蔔片、鹽、香菇精、素香鬆拌勻起鍋。

總熱量 765 大卡

營養成分		熱量比
蛋白質	83g	43%
脂肪	17g	20%
碳水化合物	70g	37%
膳食纖維	19g	
鈉	2442mg	

一人份量表

類別	份數（1 人）
油脂類	1
蔬菜類	1

示範廚師
陳秋英

主菜
可供 6 人份

黑胡椒素排

西式料理 Western Cuisine

材料
老豆腐 1000 克
乾香菇頭 100 克

調味料
鹽 1 茶匙
香菇精 1 茶匙

做法

❶ 老豆腐瀝乾水分，放入攪拌機打碎。

❷ 乾香菇頭洗淨泡軟，放入攪拌機打碎。

❸ 將做法❶加❷混合，加入調味料拌勻，製成餡料。

❹ 用冰淇淋勺挖一球餡料，壓扁，放入烤箱預熱上下火 180℃，烤約 20 分鐘，表面呈金黃色，淋上醬汁即可。

醬汁做法

材料
洋蔥絲 50 克、洋菇片 50 克、醬油 4 大匙、香菇精 30 克、甜蘿勒 5 克、太白粉水（水 90c.c.、太白粉 10 克）

做法
1. 將鍋中放入水 1 杯，加入醬油、香菇精、甜蘿勒。
2. 再加入洋蔥絲、洋菇片，煮滾。
3. 最後加入太白粉水勾芡，即成醬汁。

總熱量 1075 大卡

營養成分		熱量比
蛋白質	96g	36%
脂肪	35g	29%
碳水化合物	94g	35%
膳食纖維	11g	
鈉	5100mg	

一人份量表

類別	份數（1 人）
黃豆及其製品	2
蔬菜類	0.5

示範廚師
李泊沛

可供 6 人份

塔香豆排

西式料理 Western Cuisine

可供 6 人份

材料

- 生豆包 300 克
- 荸薺 30 克
- 紅蘿蔔 30 克
- 香菇 15 克
- 海苔片一張
- 豆皮一張

調味料

- 全麥麵粉 25 克
- 九層塔 10 克
- 醬油 1 大匙
- 鹽 1 茶匙
- 香菇精½茶匙

做法

❶ 將香菇洗淨、荸薺、紅蘿蔔洗淨去皮。

❷ 生豆包、紅蘿蔔、香菇切絲，荸薺切碎，加入香菇精、鹽、全麥麵粉 15 克和水 30c.c.，充分拌勻做成餡料。

❸ 全麥麵粉 10 克和水 20c.c. 調成麵糊。

❹ 豆皮攤平抹一層麵糊，鋪一張海苔片放入餡料，一端捲呈扁圓形，另一端再抹少許麵糊封口，上蒸箱約 10 分鐘。

❺ 待涼斜刀切成片狀，再放入烤箱 180℃烤約烤 30 分鐘至金黃色即可。

❻ 醬油加水 150c.c. 煮沸，放入切碎的九層塔、香菇精勾芡，製成醬汁。

❼ 塔香豆排盛盤，再淋上做法❻的醬汁即完成。

總熱量 801 大卡

營養成分		熱量比
蛋白質	89g	44%
脂肪	29g	33%
碳水化合物	46g	23%
膳食纖維	6g	
鈉	2886mg	

一人份量表

類別	份數（1 人）
黃豆及其製品	2

示範廚師
陳文忠

泰式涼拌青木瓜絲
咖哩生菜沙拉
月亮紅餅
椒麻排
泰式高麗菜
泰式空心菜
咖哩豆腐煲
紅咖哩
鳳梨炒飯
泰式酸辣湯
椰子地瓜糕

泰國
飲食文化

泰國菜講究酸、辣、鹹、甜、苦五味的互相平衡，通常以鹹、酸、辣為主，而帶著一點甜，而苦味則隱隱約約在背後。在不同地區之間，飲食口味及偏好稍有差異。主要分成四大菜系，分別為泰北菜、泰東北菜、泰中菜與泰南菜，反映泰國四方不同的地理和文化。

泰國菜多使用魚露和新鮮的香料，少用乾材，整體來說善用椰奶、九層塔、香茅、泰國青檸（又稱青檸菜），和辣椒。泰國人的正餐是以米飯為主食（米飯可以是泰式香米，也可以是糯米），佐以一兩道泰式咖哩，一條魚或一些肉，一份湯，和一份沙拉。

由於泰國屬濕熱型的熱帶氣候，因而泰國人在吃的時候，多用辣椒以去濕。為了要調和辛辣的味道，酸和甜的作料也用得非常之多，因此，酸辣變成泰國菜的特色。

參考文獻

楊本禮《世界美食風華錄》，台灣商務印書館，2007
泰國觀光局台北辦事處 http://www.tattpe.org.tw/

泰式料理
Thai Cuisine

可供 6 人份

泰式涼拌青木瓜絲

泰式料理 Thai Cuisine

材料

青木瓜 300 克
小番茄 100 克
檸檬汁 83 克
四季豆 30 克
紅蔥頭 30 克
杏仁（磨碎）30 克
蒜末 20 克
香菜 10 克
蜂蜜 1 大匙
素露汁 200c.c.

調味料

鹽 1 茶匙
羅望子醬 1 茶匙

做法

❶ 將青木瓜洗淨去皮刨絲。

❷ 小番茄洗淨對切 2 次成 4 瓣。

❸ 四季豆去頭尾切斜薄片，汆燙一下，備用。

❹ 紅蔥頭洗淨切碎。

❷ 將所有材料、調味料充分拌勻後，放在冰箱冰涼 30 分鐘後，即可食用。

素露汁做法

將黃玉米 1 根約 150 克、乾海帶 150 克、水 3000c.c.、香菇精 1 大匙，通通入鍋，用小火煮 1 小時，即成素露汁，放涼即可。

總熱量 570 大卡

營養成分		熱量比
蛋白質	16g	11%
脂肪	18g	28%
碳水化合物	86g	61%
膳食纖維	24g	
鈉	2364mg	

一人份量表

類別	份數（1 人）
油脂類	0.5
蔬菜類	0.5

示範廚師
李泊沛

可供 6 人份

咖哩生菜沙拉

泰式料理 Thai Cuisine

材料

美生菜 300 克
葡萄乾 50 克
小豆苗 50 克
紫高麗菜 50 克
玉米粒 50 克
牛番茄 50 克
小黃瓜 50 克

調味料

腰果 80 克
洋蔥 30 克
鹽 1 茶匙
鬱金香粉 1 茶匙
香菇精 1 茶匙
紅椒粉 1 克
冷開水 200c.c

做法

❶ 將美生菜洗淨切片，紫高麗菜洗淨切絲，牛番茄和小黃瓜洗淨切片，小豆苗和玉米粒洗淨備用。

❷ 將所有調味料放入果汁機打勻，即為咖哩醬。

❸ 將美生菜放入盤底，再將紫高麗菜絲、小黃瓜、牛番茄、小豆苗、玉米粒、葡萄乾放在上面，最後淋上咖哩醬。

總熱量 828 大卡

營養成分		熱量比
蛋白質	23g	12%
脂肪	40g	43%
碳水化合物	94g	45%
膳食纖維	11g	
鈉	2190mg	

一人份量表

類別	份數（1 人）
油脂類	1
蔬菜類	1
水果類	0.5

示範廚師
李泊沛

可供 6 人份

月亮紅餅

泰式料理 Thai Cuisine

材料

Ⓐ 老豆腐半板 370 克
洋蔥 145 克
荸薺 120 克
紅蘿蔔 85 克

Ⓑ 春捲皮 12 張

調味料

匈牙利紅椒粉 1 茶匙
鹽 1 茶匙
香菇精½茶匙

做法

❶ 將洋蔥、荸薺、紅蘿蔔去皮洗淨，切末狀，老豆腐洗淨備用。加所有調味料，混合做成餡料，均勻平鋪於春捲皮上，之後再覆蓋一張春捲皮，即製做成一張紅餅。

❷ 烤箱預熱上下火 170℃，將紅餅置入烤箱，約烤 30 分鐘，呈金黃色。

❸ 出爐後，一張切成 8 片，搭配沾醬食用。

沾醬做法

1. **新鮮鳳梨 1 個 600 克，洗淨，削皮去果肉，留皮備用。**
2. **鍋中放入 4 杯水，放入鳳梨皮、羅望子醬 2 茶匙，煮 10 分鐘，再將鳳梨皮用漏勺撈出。**
3. **起鍋前放入黑糖 2 大匙，並加入玉米粉 1 茶匙勾芡。**

總熱量 1358大卡

營養成分		熱量比
蛋白質	52g	16%
脂肪	14g	9%
碳水化合物	256g	75%
膳食纖維	10g	
鈉	2130mg	

一人份量表

類別	份數（1 人）
主食類	1.5
黃豆及其製品	1
蔬菜類	0.5
黑糖	0.5

示範廚師
李泊沛

可供 6 人份

椒麻排

泰式料理 Thai Cuisine

材料

生豆包 240 克
馬鈴薯 80 克
全麥土司 80 克
全麥麵粉 60 克

調味料

醬油 1 大匙
蜂蜜 2 茶匙
洋蔥粉 1 茶匙
鹽½茶匙

做法

❶ 馬鈴薯洗淨，蒸熟，搗成泥加入洋蔥粉和鹽調味拌勻做成內餡備用。

❷ 生豆包浸泡醬油、蜂蜜、水 30c.c.。

❸ 以浸泡好的豆包攤開，中間包入做法❶的內餡，摺成四方形，沾上麵糊（全麥麵粉 60 克加水 50c.c.）。

❹ 全麥土司放入調理機攪成粉末狀，將做法❸中包好成型的生豆包，表面沾上土司粉末。

❺ 製成後放入烤箱 180℃，烤約 20 分鐘，呈金黃色即可。

總熱量 1116 大卡

營養成分		熱量比
蛋白質	93g	33%
脂肪	28g	23%
碳水化合物	123g	44%
膳食纖維	10g	
鈉	1926mg	

一人份量表

類別	份數（1 人）
主食類	1
黃豆及其製品	1.5

示範廚師
陳文忠

可供 6 人份

泰式高麗菜

泰式料理 Thai Cuisine

材料

高麗菜 600 克
蒜頭 20 克
腰果 20 克
辣椒 15 克

調味料

檸檬汁 1 茶匙
鹽 1 茶匙
匈牙利紅椒粉½茶匙

總熱量 299 大卡

營養成分		熱量比
蛋白質	13g	17%
脂肪	11g	33%
碳水化合物	37g	50%
膳食纖維	10g	
鈉	114mg	

做法

❶ 高麗菜洗淨切塊備用，腰果加水 110c.c. 打成腰果奶。
❷ 水 100c.c.c 加蒜末、辣椒、鹽，加入高麗菜煮開，然後加入腰果奶、匈牙利紅椒粉調味。
❸ 起鍋前加入檸檬汁即可。

泰式空心菜

泰式料理 Thai Cuisine

材料

空心菜 600 克
蒜頭 20 克
腰果 20 克
紅辣椒 15 克

調味料

檸檬汁 1 茶匙
鹽 1 茶匙
紅椒粉½茶匙

總熱量 312 大卡

營養成分		熱量比
蛋白質	14g	18%
脂肪	12g	35%
碳水化合物	37g	47%
膳食纖維	15g	
鈉	324mg	

做法

❶ 將蒜頭洗淨切末；紅辣椒洗淨切絲，備用。
❷ 腰果加水 110c.c. 打成腰果奶。
❸ 鍋中放入蒜末及辣椒絲，用小火拌炒後，再加入水 50c.c.，然後放入空心菜拌炒半熟，再加入生腰果奶、紅椒粉、鹽，煮熟。
❹ 起鍋前再加入檸檬汁即可。

一人份量表

類別	份數（1人）
油脂類	0.5
蔬菜類	1

示範廚師
劉佳禾

可供 6 人份

咖哩豆腐煲

泰式料理 Thai Cuisine

材料

老豆腐 500 克
馬鈴薯 300 克
冬粉 240 克
紅蘿蔔 120 克
綠花椰菜 120 克
洋蔥 100 克
青豆仁 30 克

調味料

黃薑 2 片 5 克
香茅 1 支 100 克
鬱金香粉 1 ½茶匙
鹽 1 茶匙
香菇精 1 茶匙
醬油 1 茶匙

做法

❶ 馬鈴薯、紅蘿蔔去皮洗淨切丁；洋蔥洗淨切丁；綠花椰菜、青豆仁洗淨，綠花椰菜切小朵。老豆腐洗淨切丁，醬油加水 20c.c. 醃味，然後放入烤箱 180℃約 25 分鐘至金黃色即可。

❷ 冬粉泡軟洗淨備用。

❸ 起鍋小火乾爆洋蔥，加入水 300c.c.，再加入香茅切段、黃薑片，煮出香味後再放入紅蘿蔔丁、馬鈴薯丁，和做法❶的烤熟豆腐丁拌炒，將鬱金香粉、鹽、香菇精以小火煮至入味。

❹ 最後加入冬粉，拌勻燒至湯汁收乾即可，再拌炒燙熟的青豆仁、綠花椰菜。

總熱量 1735 大卡

營養成分		熱量比
蛋白質	61g	14%
脂肪	23g	12%
碳水化合物	321g	74%
膳食纖維	21g	
鈉	2448mg	

一人份量表

類別	份數（1 人）
主食類	2.5
黃豆及其製品	1
蔬菜類	0.5

示範廚師
陳文忠

可供 6 人份

紅咖哩

泰式料理 Thai Cuisine

材料

筍子 400 克
有機豆干 300 克
洋蔥 100 克

調味料

Ⓐ 香茅 10 克
紅辣椒（切片）5 克
大蒜 2 克
檸檬葉 1 克
南薑 1 克
紅椒粉 1 克
匈牙利紅椒粉 3 茶匙
鬱金香粉 1 茶匙
鹽 3 克
香菇精 1 茶匙

Ⓑ 腰果 100 克
水 200c.c

做法

1. 將筍子、有機豆干、洋蔥洗淨，切成塊；紅辣椒洗淨切片，備用。
2. 起鍋將檸檬葉、南薑、香茅、大蒜和水 780c.c. 一起煮，待滾後小火煮 10 分鐘，撈起所有材料使成為高湯。
3. 將調味料Ⓑ的材料放入果汁機打成腰果奶。
4. 筍子、豆干、洋蔥、紅辣椒、鬱金香粉、紅椒粉、匈牙利紅椒粉再加鹽、香菇精煮至熟，最後加入腰果奶用小火煮滾即可。

總熱量 1431 大卡

營養成分		熱量比
蛋白質	90g	25%
脂肪	79g	50%
碳水化合物	90g	25%
膳食纖維	21g	
鈉	2562mg	

一人份量表

類別	份數（1 人）
黃豆及其製品	1.5
油脂類	1.5
蔬菜類	1

示範廚師
李泊沛

可供 6 人份

鳳梨炒飯

泰式料理 Thai Cuisine

材料

Ⓐ 胚芽米飯 500 克

Ⓑ 豆腐 130 克
鳳梨丁 100 克
洋蔥丁 50 克
番茄丁 50 克
青豆仁 17 克
玉米粒 17 克
紅蘿蔔丁 16 克
香茅碎 5 克

調味料

鬱金香粉 4 茶匙
羅望子醬 1 茶匙
鹽 1 茶匙
香菇精 1 茶匙
素露汁 1 杯（做法請見 p.78）

做法

❶ 先將豆腐洗淨、搗碎加鬱金香粉拌勻，放烤箱上下火 200℃烤 15 分鐘成不結塊備用。

❷ 將素露汁一杯加入材料Ⓑ煮至熟，加入鹽及香菇精調味，並放入羅望子醬提味，最後倒入胚芽米飯拌炒即可。

總熱量 1074 大卡

營養成分		熱量比
蛋白質	31g	12%
脂肪	18g	15%
碳水化合物	197g	73%
膳食纖維	14g	
鈉	2808mg	

一人份量表

類別	份數（1 人）
主食類	1.5

示範廚師
李泊沛

可供 6 人份

泰式酸辣湯

泰式料理 Thai Cuisine

材料

❹ 生豆包絲 43 克

❺ 金針菇 130 克
番茄 120 克
洋蔥 60 克
紅蘿蔔 40 克
黑木耳 16 克
香菇 13 克
香茅 13 克
檸檬葉 4 片

❻ 香菜末 6 克

調味料

❹ 醬油 2 茶匙、
香菇精 1 茶匙、
辣椒粉½茶匙

❺ 檸檬汁 1 大匙

❻ 太白粉 1 大匙

做法

❶ 金針菇洗淨切段，番茄、洋蔥、紅蘿蔔、黑木耳、香菇分別洗淨切絲備用。鍋內倒入冷水 2000c.c.，將所有材料❺入鍋先煮出酸辣味。

❷ 待所有食材都煮熟軟爛後，加入調味料❹，用小火煮出味。（若覺得酸味不夠，可加 43 克的番茄糊，做法請見 p.42）

❸ 豆包絲加入做法❷，煮開後下檸檬汁，加太白粉 1 大匙勾薄芡，起鍋前再放入香菜。

總熱量 349 大卡

營養成分		熱量比
蛋白質	20g	23%
脂肪	5g	13%
碳水化合物	56g	64%
膳食纖維	10g	
鈉	588mg	

一人份量表

類別	份數（1 人）
蔬菜類	0.5

示範廚師
陳秋英

可供 6 人份

椰子地瓜糕

泰式料理 Thai Cuisine

材料

三育豆奶 150c.c.
地瓜 110 克
黑糖 43 克
甘蔗汁 10 茶匙
玉米粉 5 茶匙
馬蹄粉 2 ½茶匙
太白粉 2 ½茶匙
澄粉 2 ½茶匙
椰子粉 2 茶匙

做法

❶ 地瓜切絲，煮熟備用。

❷ 將玉米粉、馬蹄粉、太白粉、澄粉加入三育豆奶、水 130c.c. 混合備用。

❸ 鍋中放水 50c.c. 加入甘蔗汁、黑糖，開小火加入做法❷的材料邊攪成稠狀，然後加入地瓜絲，熄火，倒入容器中，待涼再放冰箱冷藏。

❹ 冰涼後，切成塊狀沾椰子粉，即可食用。

總熱量 621 大卡

營養成分		熱量比
蛋白質	7g	4%
脂肪	13g	19%
碳水化合物	119g	77%
膳食纖維	4g	
鈉	378mg	

一人份量表

類別	份數（1 人）
主食類	1
黑糖	0.5

示範廚師
劉佳禾

涼拌苦瓜
涼拌蓮藕
涼拌大頭菜
韭菜泡菜
蘿蔔泡菜
黃豆芽泡菜
黃瓜泡菜
馬鈴薯泡菜煎餅
泡菜年糕
泡菜豆腐鍋
傳統石鍋拌飯
韓式人蔘湯

韓國 飲食文化

韓國的傳統飲食因地理位置的關係，受到了中國、日本歷史文化上的影響，因此有許多共同點，但隨著風俗民情的不同，已衍生出自己特有的飲食文化。

韓國也可算是農業大國，以米飯主食，為顧及營養，也常加入麥、玉米、黑豆、紅豆等五穀飯。也有在飯上放上蔬菜、海鮮、泡菜等一起蒸。在白飯上放上切絲的肉類和蔬菜一起拌食的「拌飯」是經典的傳統料理。韓式飯桌上不可或缺的湯料，常見的種類有海帶湯、韓式味噌湯……等。泡菜則是最具代表性的食品。

韓國泡菜多以大白菜、白蘿蔔為主要的醃漬材料，此外黃瓜也是使用的材料之一，但最重要的配料絕對少不了辣椒，另外還會搭上蔥、薑、蒜等辛香菜作為調味料，種類將近百種。韓國飲食可說道道地地的泡菜文化。

參考文獻

張玉欣、柯文華《飲食與生活》，揚智，2007
韓國觀光公社 http://www.visitkorea.or.kr

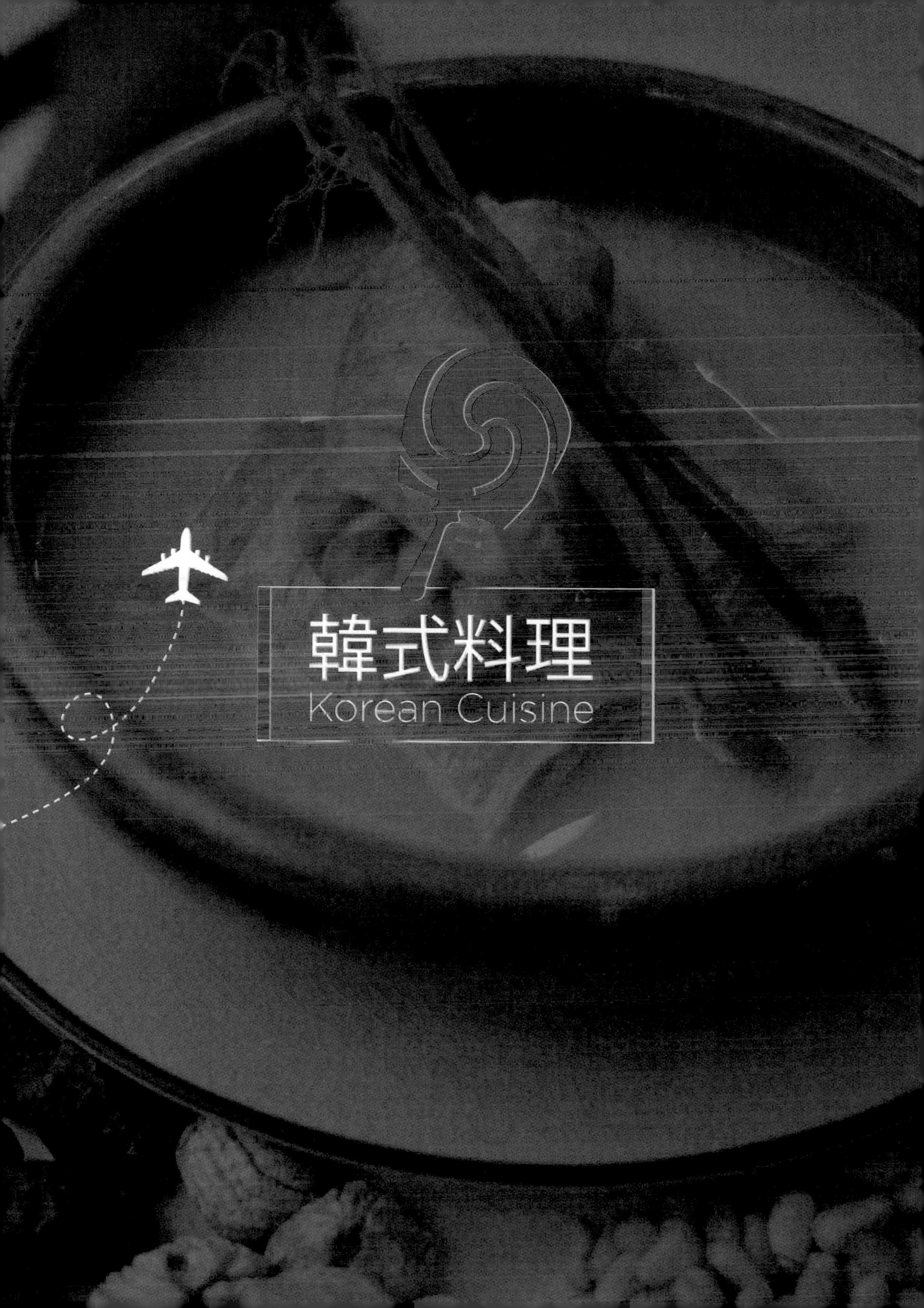
韓式料理
Korean Cuisine

可供 6 人份

涼拌苦瓜

韓式料理 Korean Cuisine

材料

青苦瓜 280 克
枸杞 5 克
薑絲 2 克

調味料

蜂蜜 1 大匙
鹽 1 茶匙
香菇精½茶匙

一人份量表

類別	份數（1 人）
蔬菜類	0.5

做法

❶ 苦瓜洗淨切片汆燙 1 分鐘，沖涼備用；枸杞洗淨泡軟備用。
❷ 取一容器放入苦瓜、薑絲加入調味料拌勻，最後才放入蜂蜜，再加入枸杞即可。

涼拌蓮藕

韓式料理 Korean Cuisine

材料

蓮藕 300 克
蒜末 50 克
蔥段 20 克
紅甜椒丁 10 克

調味料

鹽 1 茶匙
蜂蜜 1 大匙
香菇精½茶匙

一人份量表

類別	份數（1 人）
主食類	0.5

做法

❶ 蓮藕洗淨切片，汆燙 1 分鐘起鍋沖涼備用。
❷ 蒜末加蜂蜜、蔥段、紅甜椒丁、鹽、香菇精攪拌，再加入蓮藕一起拌勻，再放入冰箱 2 小時即可。

涼拌大頭菜

韓式料理 Korean Cuisine

材料

大頭菜 300 克
蒜末 50 克
蔥段 20 克
辣椒絲半支 10 克
香菜 3 克

調味料

蜂蜜 1 大匙
鹽 1 茶匙
熟黑芝麻½茶匙
香菇精½茶匙

一人份量表

類別	份數（1 人）
蔬菜類	0.5

做法

❶ 大頭菜洗淨切片用鹽抓青備用。
❷ 蒜末加蜂蜜、蔥段、辣椒、香菇精攪拌，再加入醃好的大頭菜一起拌入冰箱 2 小時，食用時撒上黑芝麻、香菜即可。

示範廚師
劉佳禾

涼拌大頭菜

總熱量 114 大卡

營養成分		熱量比
蛋白質	8g	18%
脂肪	3g	16%
碳水化合物	29g	66%
膳食纖維	7g	
鈉	2058mg	

涼拌苦瓜

總熱量 125 大卡

營養成分		熱量比
蛋白質	3g	10%
脂肪	1g	7%
碳水化合物	26g	83%
膳食纖維	6g	
鈉	2058mg	

涼拌蓮藕

總熱量 309 大卡

營養成分		熱量比
蛋白質	7g	9%
脂肪	1g	3%
碳水化合物	68g	88%
膳食纖維	11g	
鈉	2058mg	

可供 6 人份

韭菜泡菜

韓式料理 Korean Cuisine

材料

韭菜 300 克
洋蔥 40 克
蒜頭 20 克
青蔥 10 克
紅辣椒 10 克
紅蘿蔔絲 5 克

調味料

檸檬汁 1 大匙
蜂蜜 2 茶匙
匈牙利紅椒粉 2 茶匙
紅椒粉 1 茶匙
香菇精 1 茶匙
鹽 3 克

一人份量表

類別	份數（1 人）
蔬菜類	0.5

做法

❶ 韭菜洗淨，用鹽巴 1 克抓青備用。
❷ 將蒜頭、洋蔥、紅辣椒洗淨，蒜頭拍成末，洋蔥、紅辣椒切成絲備用。
❸ 將紅椒粉、匈牙利紅椒粉、青蔥已切成絲段、蜂蜜、檸檬汁 1 大匙、鹽 2 克、水 50c.c.、香菇精和紅蘿蔔絲，混合拌勻。
❹ 做法❷與做法❸的材料混合拌勻。
❺ 將做法❹所有醬料均勻塗抹在韭菜上，之後放入冰箱冷藏靜置 2 小時，即可食用。

蘿蔔泡菜

韓式料理 Korean Cuisine

材料

白蘿蔔 1 條 300 克
蒜頭 50 克
青蔥 20 克

調味料

蜂蜜 2 大匙
鹽 1 茶匙
匈牙利紅椒粉 1 茶匙
辣椒粉 1 茶匙

一人份量表

類別	份數（1 人）
蔬菜類	0.5
蜂蜜	0.5

做法

❶ 白蘿蔔洗淨去皮切小塊；蒜頭洗淨拍成末；蔥切段。
❷ 用鹽 1 茶匙醃漬白蘿蔔 1 小時備用。
❸ 蒜末加辣椒粉及匈牙利紅椒粉、蜂蜜、蔥段攪拌。
❹ 將做法❸的醬料充分塗抹醃漬好的白蘿蔔，拌勻後放入冰箱 1 小時即可。

* 抓青

就是用鹽巴抹在蔬菜表面，抓一抓，靜置1小時。可使蔬菜多餘的水分釋出，如此在醃漬時，醬汁會更入味喔！

韭菜泡菜

總熱量 224大卡

營養成分		熱量比
蛋白質	10g	18%
脂肪	4g	16%
碳水化合物	37g	66%
膳食纖維	14g	
鈉	1224mg	

蘿蔔泡菜

總熱量 226大卡

營養成分		熱量比
蛋白質	5g	9%
脂肪	2g	8%
碳水化合物	47g	83%
膳食纖維	8g	
鈉	2604mg	

可供 6 人份

黃豆芽泡菜

韓式料理 Korean Cuisine

材料

黃豆芽 300 克
青蔥 10 克
蒜頭 10 克
洋蔥 10 克
紅蘿蔔絲 10 克
紅辣椒 5 克

調味料

蜂蜜 2 茶匙
紅椒粉 1 茶匙
匈牙利紅椒粉 1 茶匙
檸檬汁 1 茶匙
香菇精½茶匙
鹽½茶匙

一人份量表

類別	份數（1 人）
蔬菜類	0.5

做法

❶ 黃豆芽洗淨，用鹽½茶匙抓青備用。
❷ 將蒜頭、洋蔥、紅辣椒洗淨，蒜頭拍成末，洋蔥、紅辣椒切成絲備用。
❸ 將紅椒粉、匈牙利紅椒粉、青蔥已切成絲段、蜂蜜、檸檬汁、香菇精和紅蘿蔔絲混合拌勻。
❹ 做法❷與做法❸的材料混合拌勻。
❺ 將做法❹所有醬料均勻塗抹在黃豆芽上，之後放入冰箱冷藏靜置 2 小時即可食用。

黃瓜泡菜

韓式料理 Korean Cuisine

材料

小黃瓜 4 條 300 克
紅蘿蔔絲 10 克
洋蔥絲 10 克
蒜末 5 克

調味料

蜂蜜 2 大匙
匈牙利紅椒粉 1 茶匙
鹽 3 克

一人份量表

類別	份數（1 人）
蔬菜類	0.5
蜂蜜	0.5

做法

❶ 小黃瓜洗淨，切段，用鹽 3 克醃過，備用。
❷ 將蒜末、匈牙利紅椒粉、蜂蜜拌勻，再加入小黃瓜均勻塗抹，最後將紅蘿蔔絲、洋蔥絲放入一起攪拌，放入冰箱冷藏靜置 1 小時即可食用。

黃豆芽泡菜

總熱量 296大卡

營養成分		熱量比
蛋白質	23g	31%
脂肪	4g	12%
碳水化合物	28g	57%
膳食纖維	16g	
鈉	1230mg	

黃瓜泡菜

總熱量 182大卡

營養成分		熱量比
蛋白質	5g	11%
脂肪	2g	10%
碳水化合物	36g	79%
膳食纖維	3g	
鈉	1228mg	

示範廚師
劉佳禾

副菜
可供 6 人份

馬鈴薯泡菜煎餅

韓式料理 Korean Cuisine

材料

Ⓐ 韓式泡菜 100 克
韭菜 90 克

Ⓑ 馬鈴薯 300 克

Ⓒ 中筋麵粉 100 克
太白粉 40 克
水 120c.c.

調味料

鹽 1 茶匙

做法

❶ 韭菜洗淨切小段；韓式泡菜切小段備用。

❷ 馬鈴薯洗淨，去皮，蒸熟，壓成泥，備用。

❸ 將馬鈴薯泥和材料Ⓒ及鹽一起混合拌勻，再加入做法❶拌勻備用。

❹ 將平底鍋燒熱後，將做法❸的材料適量放入鍋中，壓成餅狀後，煎至雙面呈金黃色即可。

總熱量 759卡

營養成分		熱量比
蛋白質	22g	12%
脂肪	3g	3%
碳水化合物	161g	85%
膳食纖維	8g	
鈉	2022mg	

一人份量表

類別	份數（1 人）
主食類	1.5
蔬菜類	0.5

示範廚師
陳秋英

副菜

可供 6 人份

泡菜年糕

韓式料理 Korean Cuisine

材料

韓式泡菜 250 克
寧波年糕 200 克
青蔥段 40 克

調味料

鹽½茶匙

做法

❶ 寧波年糕汆燙備用。

❷ 韓式泡菜放入鍋中加水 110c.c. 煮開。

❸ 寧波年糕加入做法❷的鍋中煮軟入味加鹽，起鍋前再放入青蔥段拌炒即可。

總熱量 747 大卡

營養成分		熱量比
蛋白質	19g	10%
脂肪	3g	4%
碳水化合物	161g	86%
膳食纖維	14g	
鈉	2982mg	

一人份量表

類別	份數（1 人）
主食類	1
油脂類	0.5

示範廚師
劉佳禾

主菜

可供 6 人份

泡菜豆腐鍋

韓式料理 Korean Cuisine

材料

Ⓐ 韓式泡菜 750 克

Ⓑ 青江菜 250 克
嫩豆腐 250 克
黃豆芽 180 克
烤過豆腸 180 克
金針菇 100 克

Ⓒ 冬粉 3 把 120 克

調味料

香菇精 6 克
鹽 1 茶匙

做法

❶ 青江菜、黃豆芽、金針菇、嫩豆腐洗淨；青江菜切段；嫩豆腐切塊。

❷ 鍋中加水 800c.c. 加入材料Ⓑ煮開，再加入烤過的豆腸。

❸ 將韓式泡菜及調味料加入做法❷煮滾，再加入冬粉即可。

總熱量 1392大卡

營養成分		熱量比
蛋白質	88g	25%
脂肪	28g	18%
碳水化合物	197g	57%
膳食纖維	31g	
鈉	5193mg	

一人份量表

類別	份數（1人）
主食類	1
黃豆及其製品	1.5
蔬菜類	2

示範廚師
劉佳禾

可供 6 人份

傳統石鍋拌飯

韓式料理 Korean Cuisine

材料

❹ 黃豆芽 150 克
紅椒粉 3 克
洋蔥絲 3 克
鹽¼茶匙

❺ 濕海帶芽 80 克
芝麻 3 克
薑絲 2 克
鹽¼茶匙

❻ 紅蘿蔔 120 克
紅椒粉½茶匙
鹽¼茶匙

❼ 小黃瓜 120 克
紅椒粉½茶匙
鹽¼茶匙

❽ 金針菇 120 克
匈牙利紅椒粉½茶匙
鹽¼茶匙

❾ 豆包 180 克
醬油 1 大匙

❿ 韓式泡菜 120 克

⓫ 胚芽米飯 1200 克

做法

❶ 黃豆芽洗淨燙熟，加入紅椒粉、洋蔥絲、鹽拌勻。

❷ 濕海帶芽洗淨汆燙後，加入芝麻、薑絲、鹽拌勻。

❸ 紅蘿蔔洗淨去皮切小段燙熟，加入紅椒粉、鹽拌勻。

❹ 小黃瓜洗淨切塊，加入紅椒粉、鹽拌勻。

❺ 金針菇汆燙，拌入匈牙利紅椒粉、鹽拌勻。

❻ 豆包用醬油調味，以 180℃～ 200℃烘烤 15 ～ 20 分鐘，再切絲。

❼ 石鍋內放入煮熟的胚芽米飯後，依序加入上述做法❶～❻的食材，並放入韓式泡菜。

總熱量 2628 大卡

營養成分		熱量比
蛋白質	113g	17%
脂肪	37g	13%
碳水化合物	461g	70%
膳食纖維	13g	
鈉	6772mg	

一人份量表

類別	份數（1人）
主食類	4
黃豆及其製品	1
蔬菜類	1

示範廚師
劉佳禾

可供 6 人份

韓式人蔘湯

韓式料理 Korean Cuisine

材料

人蔘 50 克
薑絲 10 克
生豆包 6 張
糯米 6 茶匙
紅棗 6 個
栗子 6 個
松子 5 克
蒜頭 3 個

調味料

鹽 6 克
香菇精 1 茶匙

做法

1. 糯米洗淨泡水 2 小時，撈起瀝乾；去殼栗子泡溫水 1 小時，用牙籤挑出殘皮，備用。
2. 將生豆包 6 張攤開，平均放上松子、糯米、紅棗、人蔘、栗子、蒜頭平鋪在豆包上；將豆包兩邊收口捲起來成素包卷，放在瓷盤中，放入電鍋，外鍋放半杯水蒸熟，取出，放涼定型。
3. 湯鍋裝水 2000c.c. 加入薑絲、調味料和定型後的素包卷，放入電鍋，外鍋一杯水蒸熟即可。

總熱量 1117 大卡

營養成分		熱量比
蛋白質	122g	44%
脂肪	45g	36%
碳水化合物	56g	20%
膳食纖維	5g	
鈉	2610mg	

一人份量表

類別	份數（1 人）
黃豆及其製品	2.5

示範廚師
李泊沛

蒜味毛豆莢	涼拌海帶芽	串燒蔬菜
芥茉綠蘆筍	蜜黃豆	時蔬天婦羅
芝麻拌牛蒡	三兄弟飯糰	香菇握壽司
茶碗蒸	海苔四季豆卷	玉米軍艦壽司
揚出豆腐	糯米腸	豆皮握壽司
和風芝麻醬山藥	香烤海苔豆包卷	鮑魚菇握壽司
五彩手卷	菠菜卷	杏仁糯米飯糰
豆皮手卷	昆布湯	

日本 飲食文化

要了解日本的飲食文化，先要從「定食」這個獨特名詞開始。日本人的飲食習慣是各自為政。即使是一個家庭團聚吃飯，也是各自一盤，……由於飲食圈成一格，也養成日本人在做人處世方面規格相隨，有板有眼的民族性格，自是從日常飲食習慣中「培養」。

日本飲食文化另一個特色是講究廚藝，特別是刀工和擺設，都符合傳統飲食文化的規格。日本烹調藝術的正字標誌是：「簡單而優雅」。食物的新鮮列為首要之選，因為日本人篤信食物不但要好吃，而且還要美觀。每一道菜都是藝術的詮釋。

當提到日本料理時，許多人會聯想到壽司、生魚片，或是懷石料理。麵類也是日本料理很重要的一部分，像是傳統的蕎麥麵和烏龍麵，湯頭通常是用魚類煮成的高湯加入醬油調味。「生食」也是日本料理的一項特色，任何食物如：鮪魚、鮭魚、河豚、牛肉……等，都可以生食入菜。

參考文獻

楊本禮《世界美食風華錄》，台灣商務印書館，2007

維基百科 http://zh.wikipedia.org/wiki/ 日本料理

日式料理
Japanese Cuisine

可供 6 人份

蒜味毛豆莢

日式料理 ● Japanese Cuisine

材料

毛豆莢 300 克
蒜頭 30 克
紅甜椒 10 克

調味料

鹽 8 克
甜蘿勒 1 大匙
香菇精½茶匙
紅椒粉¼茶匙

總熱量 470 大卡

營養成分		熱量比
蛋白質	45g	38%
脂肪	10g	19%
碳水化合物	50g	43%
膳食纖維	16g	
鈉	3208mg	

做法

❶ 毛豆莢洗淨燙熟，再用冰水冰鎮待涼撈起。
❷ 將蒜頭、紅甜椒洗淨；蒜頭切末，紅甜椒切小丁。。
❸ 將所有材料再加入所有調味料，混合拌勻後再放入冰箱冰鎮一天即可食用。

可供 6 人份

芥茉綠蘆筍

日式料理 ● Japanese Cuisine

材料

綠蘆筍 300 克
腰果 60 克
九層塔 30 克
蒜頭 30 克

調味料

鹽 1 茶匙
香菇精 1 茶匙

總熱量 460 大卡

營養成分		熱量比
蛋白質	14g	12%
脂肪	28g	55%
碳水化合物	38g	33%
膳食纖維	9g	
鈉	2058mg	

做法

❶ 九層塔洗淨汆燙，備用。
❷ 果汁機內加入水 200c.c.，將九層塔、蒜頭、腰果、鹽、香菇精打成芥茉醬。
❸ 蘆筍洗淨汆燙待涼，放入冰箱冰鎮後，拿出來切段，加上芥末醬即可食用。

蒜味毛豆莢

一人份量表

類別	份數（1人）
黃豆及其製品	0.5

芥茉綠蘆筍

一人份量表

類別	份數（1人）
油脂類	1
蔬菜類	0.5

示範廚師

李泊沛

可供 6 人份

茶碗蒸

日式料理 ● Japanese Cuisine

材料
有機豆花 600 克
南瓜片 30 克
玉米筍 24 克
紅蘿蔔片 18 克
柳松菇 18 朵
白果 6 顆
乾香菇 6 小朵

調味料
鹽 1 大匙
香菇精 9 克
蔬菜高湯 300c.c.
（做法請見右頁）

總熱量 380 大卡

營養成分		熱量比
蛋白質	32g	34%
脂肪	8g	19%
碳水化合物	45g	47%
膳食纖維	8g	
鈉	6270mg	

做法

❶ 蔬菜高湯加鹽、香菇精煮開，關火備用。
❷ 玉米筍、柳松菇、白果、乾香菇洗淨泡軟，玉米筍切段。取 6 個湯碗分別放入 1 小朵香菇，再將有機豆花 100 克舀入碗中，上放南瓜 1 片，紅蘿蔔 1 片、玉米筍 2 小段、柳松菇 3 朵、白果 1 顆；再沿碗邊倒入做法❶的蔬菜高湯。
❸ 將做法❷的湯碗加蓋放入蒸籠內，用大火蒸約 20 分鐘即可。

可供 6 人份

芝麻拌牛蒡

日式料理 ● Japanese Cuisine

材料
牛蒡 200 克
熟白芝麻 6 克

調味料
蜂蜜 1 大匙
黑糖 1 茶匙
醬油 1 茶匙
鹽 1 茶匙

總熱量 321 大卡

營養成分		熱量比
蛋白質	7g	9%
脂肪	5g	14%
碳水化合物	62g	77%
膳食纖維	14g	
鈉	2274mg	

做法

❶ 牛蒡洗淨去皮刨成細絲，泡入水中，在水中滴入數滴檸檬，可防變色。
❷ 炒鍋內加水 ½ 杯，煮開後放入牛蒡絲拌炒，再加水 1 杯淹過牛蒡絲，中火煮開加入黑糖、醬油、鹽炒至水分快收乾時，加入蜂蜜拌勻，起鍋前撒上熟白芝麻即可。

蔬菜高湯做法

材料

黃豆芽100克、海帶芽20克、高麗菜1¼顆、玉米1根、紅蘿蔔1根、甘蔗1節

做法

高麗菜切成大片、紅蘿蔔切塊、玉米切段，將所有材料放入鍋中，加水約8杯，用小火熬煮即可。待涼後可分裝放入冷凍庫貯存，需要時，取出一包解凍，加入菜餚或湯內，可增加菜餚的鮮度，又可替代味精。

茶碗蒸

一人份量表

類別	份數（1人）
黃豆及其製品	0.5
蔬菜類	0.5

芝麻拌牛蒡

一人份量表

類別	份數（1人）
蔬菜類	1

示範廚師
李春朗

可供6人份

揚出豆腐

日式料理 ● Japanese Cuisine

材料

老豆腐480克
白蘿蔔30克
青蔥5克

調味料

Ⓐ太白粉2大匙
全麥麵粉1大匙
香菇精1大匙（調製成混合麵粉）

Ⓑ全麥麵粉2大匙
太白粉1大匙
香菇精1大匙
水30c.c.（調成麵糊）

Ⓒ蜂蜜22.5克
檸檬汁2克
鹽2克
醬油2克
蒜頭2顆
紅椒粉1克
冷開水½杯

做法

❶ 白蘿蔔洗淨，磨泥；青蔥洗淨切花備用。
❷ 將調味料Ⓒ入果汁機打勻，調成醬汁備用。
❸ 將老豆腐洗淨切成小塊入蒸鍋煮10分鐘。
❹ 將蒸熟的豆腐沾裹調味料Ⓐ之混合麵粉，再裹上調味料Ⓑ之麵糊。
❺ 烤箱預熱220℃放入做法❹的豆腐塊，烤20分鐘至微黃。
❻ 將烤豆腐塊盛入碗中，沿碗邊淋入作法❷之醬汁，上放白蘿蔔泥及蔥花。

可供6人份

和風芝麻醬山藥

日式料理 ● Japanese Cuisine

材料

日本山藥330克
洋蔥60克
紅蘿蔔12克

調味料

白芝麻4大匙
蜂蜜1大匙
醬油1茶匙
鹽1克
水4大匙

做法

❶ 山藥洗淨去皮，切成6公分長條狀備用。
❷ 洋蔥洗淨切絲，泡入冷開水中，10分鐘後撈出瀝乾水分備用。
❸ 紅蘿蔔洗淨去皮用湯匙刮成泥狀，入鍋煮熟備用。
❹ 將調味料所有材料放入果汁機打勻，即成芝麻醬。
❺ 取小菜碟，上放芝麻醬，再放入山藥條，上擺洋蔥絲、紅蘿蔔泥即可。

揚出豆腐

總熱量 829 大卡

營養成分		熱量比
蛋白質	47g	23%
脂肪	17g	18%
碳水化合物	122g	59%
膳食纖維	6g	
鈉	972mg	

一人份量表

類別	份數（1人）
主食類	1
黃豆及其製品	1

和風芝麻醬山藥

總熱量 728 大卡

營養成分		熱量比
蛋白質	19g	10%
脂肪	40g	50%
碳水化合物	73g	40%
膳食纖維	10g	
鈉	726mg	

一人份量表

類別	份數（1人）
主食類	0.5
油脂類	1

示範廚師
李春朗

可供 6 人份

五彩手卷

日式料理 ● Japanese Cuisine

材料

美生菜 120 克
蘆筍 12 支
廣東 A 菜 6 片
手卷用海苔 3 張
紅甜椒½個
黃甜椒½個
小黃瓜¼條

調味料

Ⓐ 杏仁粉 4 大匙
素香鬆 2 大匙（做法請見 p.142）

Ⓑ 腰果醬 60 克

做法

❶ 紅、黃甜椒對切去籽洗淨，切長條；美生菜洗淨切絲；小黃瓜洗淨切絲；廣東 A 菜洗淨；以上食材放入冰箱內冷藏備用。

❷ 蘆筍洗淨去老梗，汆燙到熟，放入冷開水中降溫；取出瀝乾，切成 3 段，放入冰箱內冷藏備用。

❸ 將調味料Ⓐ的杏仁粉和素香鬆混合，製成綜合粉料。

❹ 海苔對切，製成手卷用海苔片。

❺ 以手掌和虎口固定海苔片，依序放上廣東 A 菜、美生菜絲、紅黃甜椒、蘆筍段、小黃瓜絲、腰果醬，撒上做法❸的綜合粉料。

❻ 由靠近手掌的海苔一方，開始向外捲起，將所有食材包起來，捲成甜筒狀即可。

總熱量 640 大卡

營養成分		熱量比
蛋白質	28g	18%
脂肪	16g	24%
碳水化合物	87g	58%
膳食纖維	8g	
鈉	408mg	

一人份量表

類別	份數（1 人）
油脂類	2
蔬菜類	1

腰果醬作法

熟腰果 130 克、水 1 杯、洋蔥粉½茶匙、香蒜粉½茶匙、鹽½茶匙、蜂蜜 1 大匙、玉米粉 2 茶匙，用果汁機攪拌均勻，煮成腰果醬（約 300 克）

示範廚師
李春朗

可供 6 人份

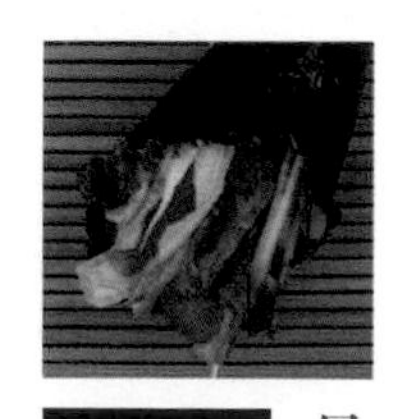

豆皮手卷

日式料理 ● Japanese Cuisine

材料

生豆包 150 克
美生菜 120 克
廣東 A 菜 6 片
手捲用海苔 3 張
紅甜椒½個
黃甜椒½個
小黃瓜⅛條

調味料

Ⓐ 醬油 2 大匙
蜂蜜 2 大匙
黑糖 1 大匙
水 1 杯

Ⓑ 杏仁粉 36 克
素香鬆 18 克（做法請見 p.142）

做法

❶ 紅、黃甜椒對切去籽洗淨，切長條；美生菜洗淨切絲；小黃瓜洗淨切絲；廣東 A 菜洗淨；以上食材放入冰箱內冷藏備用。

❷ 烤箱上下火 200℃預熱，放入生豆包烤約 30 分鐘，表皮略呈金黃色後取出。

❸ 調味料Ⓐ煮開，放入烤豆包煮至入味，取出瀝乾切絲備用。

❹ 將調味料Ⓑ的杏仁粉和素香鬆混合，製成綜合粉料。

❺ 海苔對切，製成手捲用海苔片。

❻ 以手掌和虎口固定海苔片，依序放上廣東 A 菜、美生菜絲、紅黃甜椒、豆包絲、小黃瓜絲、腰果醬，撒上做法❹綜合粉料。

❼ 由靠近手掌的海苔一方，開始向外捲起，將所有食材包起來，捲成甜筒狀即可。

總熱量 758 大卡

營養成分		熱量比
蛋白質	60g	32%
脂肪	26g	31%
碳水化合物	71g	37%
膳食纖維	7g	
鈉	1926mg	

一人份量表

類別	份數（1 人）
黃豆及其製品	1
油脂類	1.5
蔬菜類	0.5
蜂蜜及黑糖	0.5

示範廚師
李春朗

可供 6 人份

涼拌海帶芽

日式料理 ● Japanese Cuisine

材料

乾海帶芽 120 公克
蒜末 30 克
薑絲 15 克

調味料

芝麻醬 1 大匙（做法請見 p.122）
香菇精½茶匙

總熱量 132 大卡

營養成分		熱量比
蛋白質	5g	15%
脂肪	8g	55%
碳水化合物	10g	30%
膳食纖維	7g	
鈉	732mg	

一人份量表

類別	份數（1 人）
蔬菜類	3.5

做法

❶ 海帶芽 120 克，泡軟洗淨。

❷ 汆燙海帶芽，用冰水冷鎮，待涼放蒜末跟芝麻醬、少許薑絲、香菇精拌均勻即可。

蜜黃豆

日式料理 ● Japanese Cuisine

材料

黃豆 240 公克

調味料

黑糖 64 克
鹽 2 克

總熱量 1224 大卡

營養成分		熱量比
蛋白質	86g	28%
脂肪	36g	27%
碳水化合物	139g	45%
膳食纖維	38g	
鈉	2040mg	

一人份量表

類別	份數（1 人）
黃豆及其製品	2
黑糖	0.5

做法

❶ 黃豆洗淨，泡水 12 小時。

❷ 起鍋加入黑糖、鹽，加水加至蓋過黃豆。

❸ 悶軟，令黃豆呈焦糖色，有一點黏稠牽絲即可。

示範廚師
陳秋英

可供 6 人份

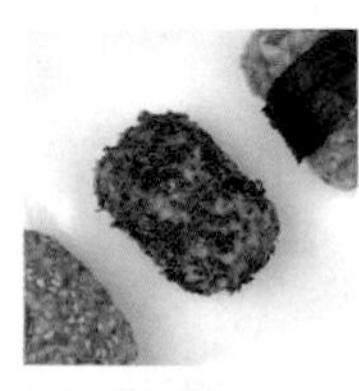

三兄弟飯糰

日式料理 Japanese Cuisine

材料

糙米飯 300 克
洋蔥 110 克
紅蘿蔔 75 克
西洋芹 60 克
麥片 60 克
全麥土司 3 片

調味料

蜂蜜 12 克
香菇精½茶匙
鹽½茶匙

做法

❶ 全麥土司三片，用調理機打成細末備用。

❷ 紅蘿蔔、西洋芹、洋蔥洗淨先切成小塊，再使用調理機與麥片打成細末。

❸ 調味料拌入做法❷中拌勻。

❹ 將糙米飯與做法❶及❸拌勻，用手或使用模型，搓揉成圓筒狀或個人喜好之造型。

❺ 烤箱預熱 180℃，將塑型好之飯糰放入烤箱烤約 10 ～ 15 分鐘，或至金黃色即可。

總熱量 1117 大卡

營養成分		熱量比
蛋白質	32g	11%
脂肪	17g	13%
碳水化合物	224g	76%
膳食纖維	13g	
鈉	2018mg	

一人份量表

類別	份數（1 人）
主食類	2.5
蔬菜類	0.5

示範廚師
陳秋英

可供 6 人份

海苔四季豆卷

日式料理 ● Japanese Cuisine

材料

新鮮四季豆 245 克
海苔 9 張

調味料

蜂蜜 1 大匙
杏仁醬 1 大匙
香菇精¼茶匙
鹽 1 克

做法

❶ 將四季豆洗淨，放入滾水中汆燙撈起，待涼備用。

❷ 將所有調味料混合均勻做成醬料。

❸ 將海苔一張分割成½張，並將醬料平均鋪在海苔上。

❹ 放上 5 根四季豆，將海苔捲起，在封口處沾上少許蜂蜜封口，捲成圓柱型，切斜段擺盤。

杏仁醬做法

將杏仁豆 300 克放入烤箱（120℃），在烤的過程中需偶爾翻動，使杏仁豆平均受熱，烤約 30 分鐘至杏仁豆呈淺黃色（不要烤焦）取出，再用調理機磨成醬即可。

總熱量 316 大卡

營養成分		熱量比
蛋白質	18g	23%
脂肪	8g	23%
碳水化合物	43g	54%
膳食纖維	7g	
鈉	654mg	

一人份量表

類別	份數（1 人）
油脂類	0.5
蔬菜類	1

示範廚師
李泊沛

可供 6 人份

糯米腸

日式料理 ● Japanese Cuisine

材料

長糯米 200 克
圓糯米 50 克
雪蓮子 30 克
紅蔥頭 20 克
香菇 10 克
豆皮 2 張

調味料

醬油 1 茶匙
香菇精½茶匙

總熱量 1028 大卡

營養成分		熱量比
蛋白質	30g	12%
脂肪	4g	3%
碳水化合物	218g	85%
膳食纖維	5g	
鈉	276mg	

做法

❶ 長糯米、圓糯米洗淨浸泡 4 小時後蒸熟。
❷ 香菇洗淨切絲、雪蓮子洗淨煮熟，紅蔥頭洗淨切絲烤乾，炒鍋加水放入上述材料、調味料，炒熟入味撈起做成餡料備用。
❸ 豆皮攤平 2 張上下疊後，鋪上餡料捲成長圓狀，再放入蒸箱約 10 分鐘。
❹ 待涼，再放入烤箱 180℃烤 20 分鐘至金黃色即可。

可供 6 人份

香烤海苔豆包卷

日式料理 ● Japanese Cuisine

材料

地瓜 400 克
生豆包 270 克
海苔片 3 張
熟芝麻 1 茶匙
全麥麵粉 1 茶匙

調味料

醬油 1 ½茶匙
蜂蜜 1 茶匙

總熱量 1124 大卡

營養成分		熱量比
蛋白質	78g	28%
脂肪	28g	22%
碳水化合物	140g	50%
膳食纖維	12g	
鈉	666mg	

做法

❶ 地瓜洗淨蒸熟搗泥，再加入蜂蜜 1 茶匙拌勻；生豆包放入醬油加水醃味備用。
❷ 將漬好的醃生豆包攤開，放上海苔片、蜂蜜地瓜泥後，再摺合起來。
❸ 將做法❷表面沾少許全麥麵粉、水，撒上芝麻放入烤箱 180℃約 20 分鐘至表皮呈金黃色即可。

糯米腸

一人份量表

類別	份數（1人）
主食類	2.5

香煎海苔豆包捲

一人份量表

類別	份數（1人）
主食類	1
黃豆及其製品	1.5

示範廚師

陳文忠

可供6人份

菠菜卷

日式料理 ● Japanese Cuisine

材料

菠菜600克
手卷用海苔3張
蒜末2個
蔥末½支

調味料

檸檬汁8c.c.
白芝麻醬4大匙
醬油2大匙
蜂蜜1大匙
鹽1茶匙

一人份量表

類別	份數（1人）
油脂類	1
蔬菜類	1

做法

❶ 取一容器放入所有調味料，加入蔥末、蒜末拌勻，調製成醬料，用可以擠壓之器具裝填，備用。
❷ 菠菜去根部洗淨，以手捉住葉尾入滾水燙到水再次滾開，再將手放開讓葉尾泡入滾水中煮軟，撈出泡入冷開水中泡一下取出，瀝乾後備用。
❸ 取竹簾將瀝乾的菠菜，葉梗和葉尾交錯捲起擠乾水分，製成菠菜卷備用。
❹ 竹簾上放手卷用海苔，在底部¼處及海苔最頂端塗抹上適量的醬料，放上做法❸的菠菜卷，擠入醬料，包捲起來，製成紫菜菠菜長卷。
❺ 將每條紫菜菠菜長卷，切成8小段盛盤。

可供6人份

昆布湯

日式料理 ● Japanese Cuisine

材料

蔬菜高湯2500c.c.
昆布50克

做法

❶ 將昆布快速沖水洗淨切長段，昆布放入蔬菜高湯2500c.c.（做法請見p.121），20分鐘後，開中火煮。
❷ 煮到湯汁剩1000c.c.熄火，以濾網將昆布撈出剩下高湯，即為昆布湯。

菠菜捲

總熱量 639大卡

營養成分		熱量比
蛋白質	30g	19%
脂肪	35g	49%
碳水化合物	51g	32%
膳食纖維	20g	
鈉	3924mg	

昆布湯

總熱量 129大卡

營養成分		熱量比
蛋白質	5g	16%
脂肪	1g	7%
碳水化合物	25g	77%
膳食纖維	14g	
鈉	1542mg	

示範廚師
李春朗

可供 6 人份

串燒蔬菜

日式料理 ● Japanese Cuisine

材料

鮮香菇 6 朵（150 克）
南瓜 6 塊（60 克）
青椒 6 片（60 克）
紅甜椒 6 片（60 克）
筊白筍 6 塊（60 克）
白果 6 顆（18 克）
竹籤 6 支

調味料

A 香菇精 1 茶匙

B 醬油 4 大匙
蜂蜜 4 大匙
鹽 2 克
黑糖 1 茶匙
香菇精 1 大匙

C 蓮藕粉 1 茶匙
水 1 大匙

做法

1. 將南瓜、青椒、紅甜椒洗淨，切成約 3 公分塊狀；筊白筍切大滾刀塊。
2. 香菇洗淨過一下鹽水瀝乾備用。
3. 白果放入鍋中加水淹過加入調味料A，放入蒸鍋蒸 20 分鐘，取出瀝乾備用。
4. 鍋中加水 ½ 杯加入調味料B煮開，加入調味料C勾薄芡汁製成烤醬，備用。
5. 取一竹籤，依序串上筊白筍、青椒、南瓜、鮮香菇、紅甜椒、白果。
6. 烤箱預熱 200℃，放入作法5的蔬菜串烤約 5 分鐘，取出塗上烤醬，塗好後續烤 5 分鐘，反覆 4 次塗烤動作即可。
7. 最後一次塗完醬後，可撒上些許熟白芝麻，再烤 5 分鐘即完成。

總熱量 445 大卡

營養成分		熱量比
蛋白質	14g	13%
脂肪	1g	2%
碳水化合物	95g	85%
膳食纖維	11g	
鈉	3876mg	

一人份量表

類別	份數（1 人）
蔬菜類	0.5
蜂蜜及黑糖	0.5

示範廚師
李春朗

可供 6 人份

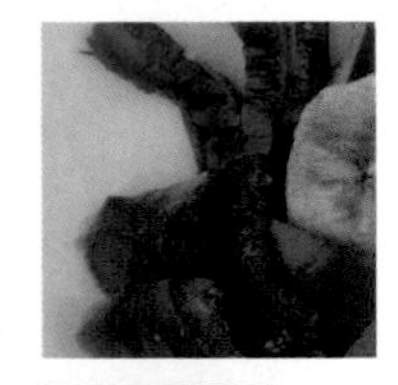

時蔬天婦羅

日式料理 ● Japanese Cuisine

總熱量 834 大卡

營養成分		熱量比
蛋白質	14g	7%
脂肪	2g	2%
碳水化合物	190g	91%
膳食纖維	14g	
鈉	2664mg	

一人份量表

類別	份數（1 人）
主食類	1.5
蔬菜類	0.5
水果類	0.5

材料

地瓜 160 克
茄子 150 克
青椒 60 克
紅甜椒 60 克
香蕉 1 條

調味料

Ⓐ 蒜頭 2 顆
醬油 2 大匙
蜂蜜 2 大匙
黑糖 1 茶匙
檸檬汁 1 茶匙
鹽½茶匙
蔬菜高湯 120c.c.
（做法請見 p.121）

Ⓑ 太白粉 30 克
全麥麵粉 15 克
香菇精 5 克（混合成沾粉材料）

Ⓒ 全麥麵粉 30 克
太白粉 15 克
香菇精 1 茶匙
冰水¼杯（拌勻，製成麵糊）

Ⓓ 白蘿蔔泥 20 克

做法

❶ 調味料Ⓐ中的蒜頭磨成泥，與其餘的調味料一起煮沸，放涼盛碗，上放白蘿蔔泥，製成沾醬。

❷ 茄子洗淨切 6 公分長段再對切，再切花，泡一下水，取出瀝乾；地瓜去皮切片；紅甜椒、青椒切片泡水備用；香蕉去皮切 5 公分斜片。

❸ 將烤盤放入烤箱預熱 180℃備用，依序放入下列食材。

❹ 地瓜、茄子沾上麵糊；地瓜入烤箱烤約 25 分鐘，茄子進烤箱烤 10 分鐘；再放入沾好沾粉材料及麵糊之青椒、紅甜椒、香蕉烤約 15 分鐘，最後全部食材一同取出，盛盤即可。食用時可搭配做法❶之沾醬。

示範廚師
李春朗

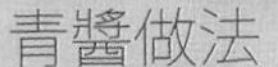

青醬做法

九層塔 30 克氽燙後加入蒜頭 100 克、水 200c.c.、腰果 100 克、鹽 1 茶匙、香菇精 1 茶匙，用果汁機混合打勻。

素香鬆做法

熟白芝麻 600 克、香菇精 9 克、鹽 9 克和海苔碎末 3 克混合。

素香鬆飯做法

胚芽米飯 150 克加素香鬆 9 克拌勻即可。

主食

可供 6 人份

香菇握壽司

一人份量表

類別	份數（1 人）
主食類	0.5
蜂蜜及黑糖	0.5

玉米軍艦壽司

一人份量表

類別	份數（1 人）
主食類	1

香菇握壽司

日式料理 ● Japanese Cuisine

材料

素香鬆飯 150 克
熟白芝麻 6 克
小豆苗 6 根
鮮香菇 3 朵
蒜頭 3 顆
蔥 1 支
薑 1 小塊
海苔 1 張

調味料

Ⓐ 青醬 3 克

Ⓑ 醬油 2 大匙
蜂蜜 2 大匙
黑糖 1 大匙
水 1 杯

做法

❶ 鮮香菇洗淨去蒂，在鮮香菇上刻十字花刀，備用。
❷ 小豆苗、蔥、薑、蒜洗淨備用。
❸ 鍋內入水 3 杯，放入鮮香菇，加入調味料Ⓑ，滷到鮮香菇入味，湯汁略收，即可撈出瀝乾備用。
❹ 小豆苗汆燙備用。
❺ 素香鬆飯（做法見左頁）平均分成 6 等分，用手抓成橢圓形飯糰，擠上一點青醬，上面放上滷香菇，輕輕壓一下，再放上小豆苗，最後撒上熟白芝麻，即可盛盤。

總熱量 487 大卡

營養成分		熱量比
蛋白質	14g	11%
脂肪	7g	13%
碳水化合物	92g	76%
膳食纖維	4g	
鈉	1584mg	

玉米軍艦壽司

日式料理 ● Japanese Cuisine

材料

素香鬆飯 150 克
玉米粒 12 大匙
小黃瓜片 18 片
海苔 1 張

調味料

Ⓐ 洋蔥粉 1.5 克
香蒜粉 1.5 克
鹽½茶匙

Ⓑ 玉米粉 1 茶匙
水 2 大匙

做法

❶ 起鍋加水¾杯再放入玉米粒煮熟，加入調味料Ⓐ煮至入味。
❷ 最後淋上調味料Ⓑ混和製成的薄芡汁後，起鍋放涼備用。
❹ 海苔 1 張剪成 6 長條海苔片。
❹ 素香鬆飯（做法見左頁）平均分成 6 等分，用手抓成橢圓形飯糰，分別包上海苔片，做成糰壽司。
❺ 每糰壽司上放 3 片小黃瓜片。
❻ 再填入做法❶的玉米粒即可。

總熱量 416 大卡

營養成分		熱量比
蛋白質	13g	13%
脂肪	4g	8%
碳水化合物	82g	79%
膳食纖維	4g	
鈉	1392mg	

豆皮握壽司

日式料理 ● Japanese Cuisine

材料

素香鬆飯 150 克
生豆包 1 片 60 克
蒜 3 粒 9 克
蔥 1 支 5 克
海苔 1 張 3 克
薑 1 小塊 3 克

調味料

Ⓐ 檸檬汁 45 克
醬油 2 大匙
蜂蜜 2 大匙
黑糖 1 大匙

Ⓑ 青醬 3 克（做法見 p.142）

做法

❶ 烤箱預熱上下火 220℃，放入生豆包烤 20 分鐘收乾備用。
❷ 蔥、薑、蒜洗淨略拍一下備用。
❸ 鍋內放入水 1 杯，放入蔥、薑、蒜，煮開後，加入所有調味料Ⓐ，煮開後放入烤好的豆包煮入味，取出切 6 塊備用。
❹ 將海苔剪成寬 2 公分的長條備用。
❺ 素香鬆飯（做法請見第 142 頁，但改成胚芽米飯 141 克加素香鬆 9 克）平均分成 6 等分，用手抓成橢圓形飯糰，擠上一點青醬，上面放上切好的滷豆包，輕輕壓一下，用海苔條圍上即可。

鮑魚菇握壽司

日式料理 ● Japanese Cuisine

材料

素香鬆飯 150 克
鮑魚菇 1 根 85 克
蒜 3 粒 9 克
海苔 1 張 3 克
蔥 1 支 5 克
薑 1 小塊 3 克

調味料

Ⓐ 檸檬汁 45 克
醬油 2 大匙
蜂蜜 2 大匙
黑糖 1 大匙

Ⓑ 青醬 3 克（做法見 p.142）

做法

❶ 鮑魚菇洗淨，切成厚 0.5 公分、長 5 公分備用。
❷ 蔥、薑、蒜洗淨略拍一下備用。
❸ 鍋內放入水 1 杯，放入蔥、薑、蒜，煮開後，再放入切好的鮑魚菇，加入調味料Ⓐ，滷到鮑魚菇入味，湯汁略收，即可撈出瀝乾備用。
❺ 將海苔剪成寬 2 公分的長條備用。
❻ 素香鬆飯（做法請見第 142 頁，但改成胚芽米飯 141 克加素香鬆 9 克）平均分成 6 等分，用手抓成橢圓形飯糰，擠上一點青醬，上面放上滷鮑魚菇，輕輕壓一下，用海苔片將鮑魚菇和飯糰包捲起來，即可盛盤。

主食

可供 6 人份

豆皮握壽司

總熱量 558 大卡

營養成分		熱量比
蛋白質	30g	21%
脂肪	6g	10%
碳水化合物	96g	69%
膳食纖維	2g	
鈉	1596mg	

一人份量表

類別	份數（1 人）
主食類	0.5
黃豆及其製品	0.5
蜂蜜及黑糖	0.5

鮑魚菇握壽司

總熱量 486 大卡

營養成分		熱量比
蛋白質	12g	10%
脂肪	6g	11%
碳水化合物	96g	79%
膳食纖維	6g	
鈉	1590mg	

一人份量表

類別	份數（1 人）
主食類	0.5
蜂蜜及黑糖	0.5

示範廚師
李春朗

可供 6 人份

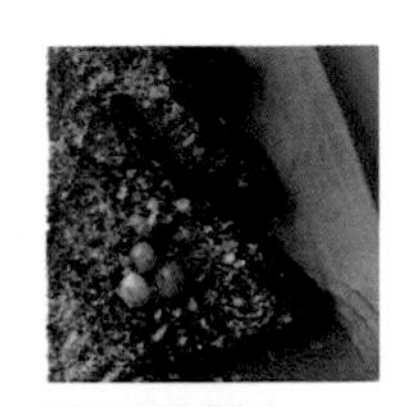

杏仁糯米飯糰

日式料理 ● Japanese Cuisine

材料

黑糯米 240 克
圓糯米 240 克
豆包 100 克
杏仁果（磨碎）5 克
青豆仁 2 克

調味料

香菇精 1 克
醬油 1 茶匙

做法

❶ 黑糯米、圓糯米洗淨浸泡 4 小後，蒸熟。

❷ 杏仁果磨碎，再和豆包放入烤箱 180℃約 10 分鐘取出。

❸ 烤乾豆包切丁，起鍋加水 30c.c. 和調味料，炒至收汁即可。

❹ 將煮熟的黑糯米飯放在掌心，中間挖一個洞，放入炒乾的豆包丁，再把洞用周邊的黑糯米飯填補，修整成三角形狀，沾上杏仁果碎粒，最後用青豆仁 3 顆作為點綴。

總熱量 1910 大卡

營養成分		熱量比
蛋白質	69g	15%
脂肪	22g	10%
碳水化合物	359g	75%
膳食纖維	11g	
鈉	306mg	

一人份量表

類別	份數（1 人）
主食類	4
黃豆及其製品	0.5

示範廚師
陳文忠

香酥海味卷
煎麥香豆腐
金沙福袋
黃金船
福氣圓滿
好彩頭
紅豆果凍

中華
飲食文化

中國人的「食不厭精、膾不厭細」是由於有一套「致中和」的終極關懷哲學在最深處做為根本的導引力量，所以中國人追求美食一方面雖有養生壯身之目的，另一方面也是要維持人際的和諧，以及與宇宙自然的和諧與均衡。

中國菜的特點被總結為：色、香、味、意、形，被稱為「國菜五品」。中國菜烹調方法非常多，有涼拌、炒、爆、溜、煸、蒸、熬、煮、燉、煨、燴、涮、燒、焯、滷、醬、煎、炸、燜、烤、焗、燻等幾十種。在製作過程中還十分講究火候和刀工的掌控。

因為歷史與地理的關係，台灣與中華文化同本共源，因而在台灣有豐富的中華料理，主要的中華菜系包括台灣菜、客家菜、福建菜、廣東菜、江浙菜、上海菜、湖南菜、四川菜、北京菜等，每種菜系皆有不同的重點烹調與風味。除了中華美食之外，台灣小吃更是獨步全球，種類多樣化，是台灣人生活中最具代表性的飲食文化。

參考文獻

王學泰《中國飲食文化簡史》，香港中和出版〔有〕，2011。
中華民國交通部觀光局 http://taiwan.net.tw
維基百科 http://zh.wikipedia.org/wiki/中華料理

中式料理
Chinese Cuisine

可供 6 人份

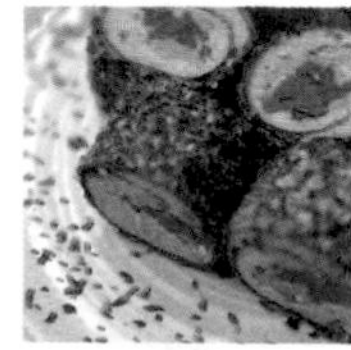

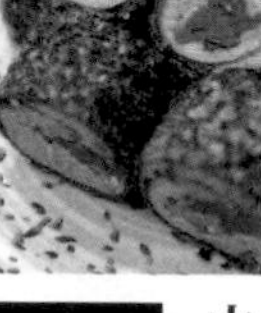

香酥海味卷

中式料理 Chinese Cuisine

材料

生豆包 125 克
金針菇 45 克
紅蘿蔔 30 克
全麥麵粉 25 克
熟白芝麻 15 克
海苔片 2 張
乾豆皮 2 張

調味料

醬油 2 大匙
鹽 1 ½茶匙
香菇精 1 茶匙
海苔粉少許

做法

❶ 生豆包用醬油 1 大匙及水 1 大匙醃製備用。

❷ 紅蘿蔔洗淨切絲，金針菇洗淨，一同加入鹽、香菇精、醬油一大匙，炒熟備用。

❸ 全麥麵粉加水 3 大匙即為麵糊，將乾豆皮鋪平抹上麵糊，先放上海苔片，再擺上兩片醃過之生豆包，鋪上做法❷之蔬菜絲，並捲成圓條狀，再依序沾上麵糊、熟白芝麻及少許海苔粉。

❹ 烤箱預熱 180℃，將做法❸放入烤箱烤約 20 分鐘，至金黃色即可。

❺ 烤待涼後，再同等分切段即可。

總熱量 545 大卡

營養成分		熱量比
蛋白質	48g	35%
脂肪	21g	35%
碳水化合物	41g	30%
膳食纖維	6g	
鈉	4640mg	

一人份量表

類別	份數（1 人）
黃豆及其製品	1
油脂類	0.5
蔬菜類	0.5

示範廚師
陳文忠

主菜

可供 6 人份

煎麥香豆腐

中式料理 Chinese Cuisine

材料

老豆腐 480 克
洋蔥末 45 克
乾香菇末 3 朵
芹菜末 6 克
蒜末 1 克

調味料

Ⓐ 洋蔥粉 1.5 克
香蒜粉½茶匙
鹽½茶匙
香菇精½茶匙

Ⓑ 全麥麵粉 30 克
太白粉 15 克
香菇精 2 茶匙
冰水¼杯

做法

❶ 取一長方型烤盤，上鋪烤盤紙，備用。

❷ 烤箱預熱上下火 200℃，備用。

❸ 將調味料Ⓑ的材料全部混和拌勻，製成麵糊。

❹ 取一容器放入所有材料、調味料Ⓐ，拌勻，用手抓成泥狀，放入做法❶之容器內，入蒸鍋蒸 20 分鐘取出切片，沾麵糊，放於烤盤上。

❺ 放入烤箱烤 20 分鐘至表面微乾，取出盛盤。

總熱量 621 大卡

營養成分		熱量比
蛋白質	46g	29%
脂肪	17g	25%
碳水化合物	71g	46%
膳食纖維	6g	
鈉	1218mg	

一人份量表

類別	份數（1 人）
主食類	0.5
黃豆及其製品	1

示範廚師
李春朗

可供 6 人份

金沙福袋

中式料理 ● Chinese Cuisine

材料

Ⓐ 有機小豆干 60 克
牛蒡（去皮）60 克
洋蔥 60 克
醬油 23c.c.
蜂蜜 23 克
熟白芝麻 8 克
乾海帶芽 4 克
香菇精 1 ½茶匙

Ⓑ 高麗菜 300 克
韭菜 15 克

調味料

紅蘿蔔 20 克
鹽 1 茶匙
香菇精 1 茶匙

做法

❶ 豆干、牛蒡及洋蔥洗淨切成細絲，起鍋加入水¾杯、醬油、蜂蜜及香菇精，加入乾海帶芽，小火悶煮 8 ～ 10 分鐘。瀝乾水分，再撒上熟白芝麻拌勻，分 6 等分，即為內餡。

❷ 高麗菜不切，去掉粗梗部分，汆燙至葉片稍軟，備用。

❸ 韭菜整株洗淨後直接入鍋，汆燙變軟備用。

❹ 燙過之高麗菜攤平，於中心部位放上做法❶的內餡，包成福袋狀，再以韭菜綁好固定，放入蒸鍋蒸 3 ～ 5 分鐘即可。

❺ 紅蘿蔔切細末，加水 23c.c.、鹽 1 茶匙、香菇精 1 茶匙，煮開即為淋醬。

❻ 將醬汁淋於包好之福袋上即可。

總熱量 444 大卡

營養成分		熱量比
蛋白質	21g	19%
脂肪	12g	24%
碳水化合物	63g	57%
膳食纖維	13g	
鈉	2001mg	

一人份量表

類別	份數（1 人）
黃豆及其製品	0.5
蔬菜類	1

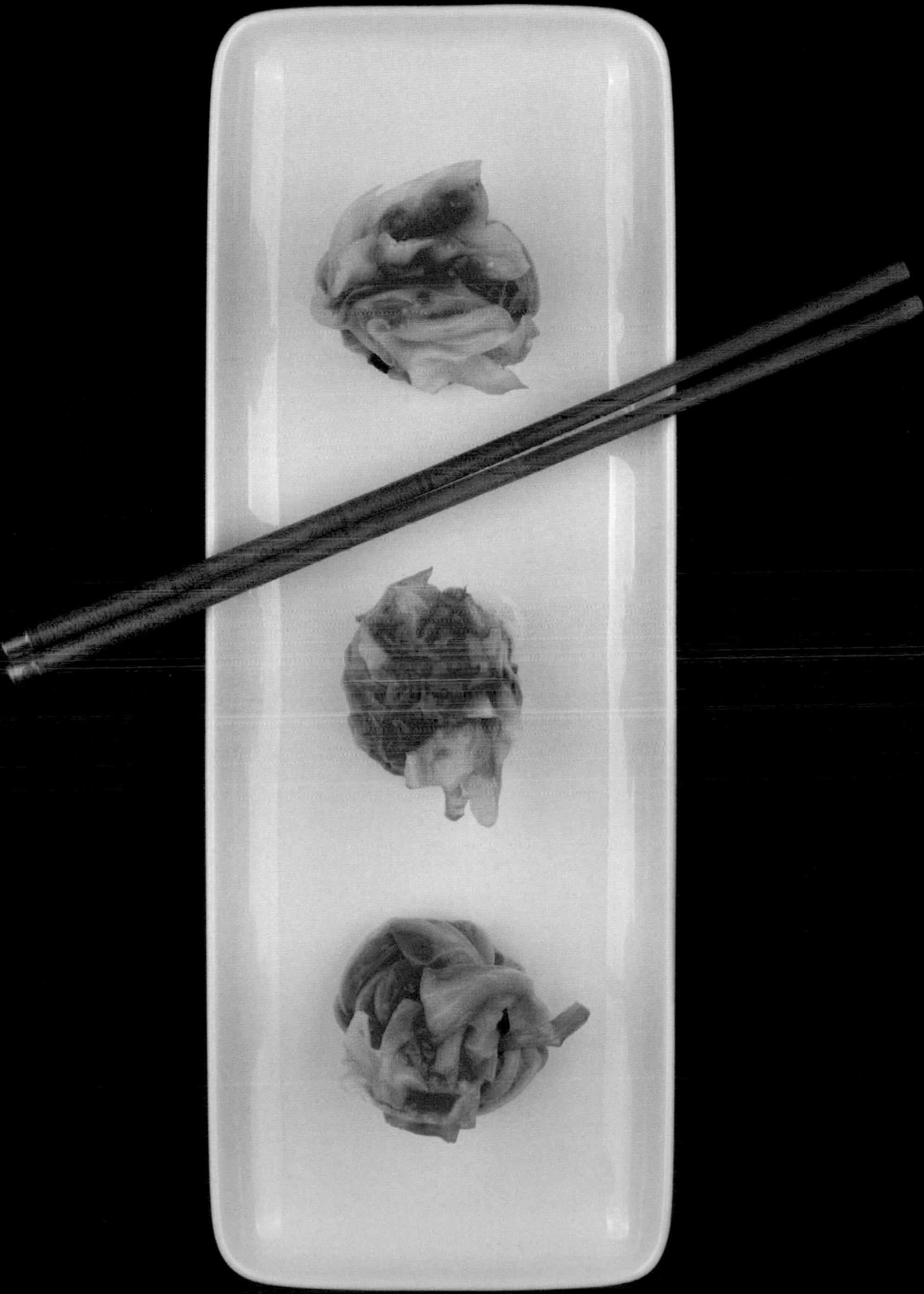

可供 6 人份

黃金船

中式料理 ● Chinese Cuisine

材料

去皮馬鈴薯 120 克
去皮去籽南瓜 70 克
紅蘿蔔丁 70 克
全麥土司 65 克
小黃瓜丁 63 克
腰果醬 50 克（做法請見 p.32）
玉米粒 33 克
葡萄乾 20 克
巴西利 1 株

做法

❶ 南瓜與馬鈴薯蒸熟，搗成南瓜馬鈴薯泥備用。

❷ 全麥土司用調理機打成細末後平鋪於烤盤，進入烤箱烤 6 分鐘，上下火各 150℃，備用。

❸ 小黃瓜丁、玉米粒、紅蘿蔔丁、葡萄乾與腰果醬混合拌勻，做為餡料。

❹ 南瓜馬鈴薯泥用冰淇淋勺挖成南瓜球。

❺ 南瓜球邊緣再沾滿做法❷的麵包屑，中間劃開，塞入做法❸的餡料，最後擺上巴西利裝飾即完成。

總熱量 596 大卡

營養成分		熱量比
蛋白質	16g	11%
脂肪	8g	12%
碳水化合物	115g	77%
膳食纖維	8g	
鈉	2312mg	

一人份量表

類別	份數（1 人）
主食類	1
油脂類	0.5

示範廚師
陳秋英

可供 6 人份

福氣圓滿

中式料理 Chinese Cuisine

材料

大白菜 300 克
杏鮑菇 300 克
青江菜 200 克
洋菇 170 克
香菇 160 克
白果 40 克
乾栗子 35 克
荸薺 30 克
薑片 10 克

調味料

醬油 2 大匙
太白粉 1 大匙
鹽½茶匙
香菇精½茶匙

做法

1. 荸薺去皮，洋菇、乾栗子、白果、大白菜、青江菜洗淨。
2. 將杏鮑菇、香菇分別洗淨加入醬油、鹽、香菇精和水 300c.c.，加入鍋中煮軟後，待涼，杏鮑菇切成片狀放入湯碗中，依序排入扇形形狀後，加入薑片、荸薺、栗子、洋菇、白果，最後放入大白菜，鍋中剩下的水倒入碗中包上保鮮膜，入電鍋中蒸 25 分鐘，起鍋前將青江菜氽燙備用。
3. 將扣碗倒扣入大盤中留下湯汁，將湯汁倒入鍋中加入太白粉水勾薄芡淋上去。
4. 最後擺上青江菜及香菇即可

總熱量 509 大卡

營養成分		熱量比
蛋白質	33g	26%
脂肪	5g	9%
碳水化合物	83g	65%
膳食纖維	29g	
鈉	2664mg	

一人份量表

類別	份數（1 人）
主食類	0.5
蔬菜類	2

示範廚師
劉佳禾

可供 6 人份

好彩頭

中式料理 Chinese Cuisine

材料

白蘿蔔 350 克
紅蘿蔔 175 克
玉米筍 220 克
香菇 45 克
白果 30 克
香菜 6 克
枸杞 6 克

調味料

鹽 10 克

做法

1. 紅蘿蔔、白蘿蔔洗淨切滾刀片。
2. 玉米筍洗淨切小段，香菇洗淨一切四。
3. 鍋中放入水 1500c.c.，加入紅蘿蔔、白蘿蔔、玉米筍、香菇，煮開後轉小火煮 20 分鐘後，放入白果再煮 5 分鐘後加鹽調味，加入香菜和枸杞，熄火起鍋。

總熱量 463 大卡

營養成分		熱量比
蛋白質	17g	15%
脂肪	7g	13%
碳水化合物	83g	72%
膳食纖維	22g	
鈉	4884mg	

一人份量表

類別	份數（1 人）
主食類	0.5
蔬菜類	1

示範廚師
劉佳禾

可供 6 人份

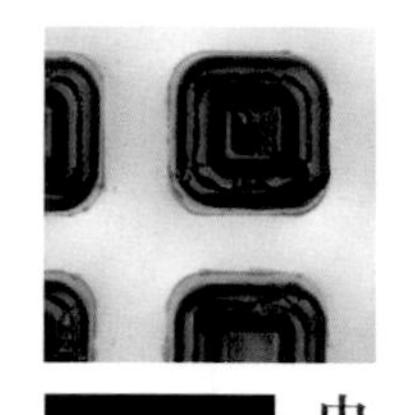

紅豆果凍

中式料理 Chinese Cuisine

材料

紅豆 300 克
黑糖 40 克
洋菜粉 20 克
三育豆奶 10c.c.
吉利丁 8 克

做法

❶ 起鍋放入洋菜粉、吉利丁、三育豆奶和 800c.c. 的水，鍋內不停攪拌，小火煮開，加入黑糖 10 克一起煮。

❷ 小紅豆洗淨煮熟，先用黑糖 30 克蜜過備用。

❸ 小紅豆放入模型底，再將做法❶的食材倒入模型，待涼後放冰箱冷藏定型。

總熱量 1262 大卡

營養成分		熱量比
蛋白質	68g	21%
脂肪	2g	2%
碳水化合物	243g	77%
膳食纖維	52g	
鈉	90mg	

一人份量表

類別	份數（1 人）
主食類	2.5
蔬菜類	0.5
黑糖	0.5

示範廚師
劉佳禾

營養師團隊

林淑姬 營養師

- 臺安醫院營養課課長
- 國立臺北護理健康大學兼任講師
- 餐飲服務業食品安全管制系統評核委員
- 素食學會理事

經歷

- 台北健康促進管理師認證班講師
- 台北市糖尿病及心血管共同照護網醫護人員培訓講師
- 台北市健康服務中心社區推廣講師
- 台北市衛生局持證廚師衛生講習講師

專長

- 心血管疾病和糖尿病等慢性疾病營養諮詢
- 體重控制
- 婦女營養飲食治療
- 食療飲食規劃
- 坐月子營養諮詢

李祥瑞 組長

臺安醫院癌症診療品質提升計畫組組長

經歷

- 台北市健康服務中心社區推廣講師
- 台北市衛生局減重講師

專長

- 體重控制
- 婦女更年期減重
- 兒童營養門診諮詢
- 疾病營養諮詢
- 食物料理教學

蔡曉蓉 營養師

臺安醫院營養課臨床營養師

經歷

- 台北市健康服務中心社區推廣講師
- 台北市衛生局減重講師

專長

- 體重控制
- 糖尿病營養諮詢
- 食物料理教學
- 坐月子飲食

廚師團隊

劉佳禾主廚

經歷

- 中泰賓館主廚
- 台北市衛生局持證廚師衛生講習講師
- 中國上海＆廣州料理教學示範講師

專長

- 中式料理
- 中式點心

陳文忠主廚

經歷

- 創意中式全麥（全穀）料理總決賽榮獲第三名
- 新起點料理教學示範講師

專長

- 素食創意料理
- 料理盤飾

陳秋英主廚

經歷

- 創意中式全麥（全穀）料理總決賽榮獲第三名
- 基隆衛生局料理教學示範講師
- 原住民電視台在節目上示範新起點料理

專長

- 新起點創意料理王
- 素食創意料理

李泊沛主廚

經歷

- 素食美食展示範料理講師
- 新起點料理教學示範講師

專長

- 素食創意料理
- 得舒（DASH）飲食創意料理人氣王

李春朗主廚

經歷

- 行政院勞委會職訓局中餐廚師技藝班專業講師
- 台北市勞工局擔任烹飪實務班講師
- 台北市健康服務中心料理教學示範講師

專長

- 日式創意料理
- 疾病飲食創意料理

國家圖書館出版品預行編目資料

漫遊舒食異國料理 / 臺安醫院營養課編著. -- 初版.
-- 臺北市 : 時兆, 2018.06
面 ;　公分. --(新起點健康烹飪系列 ; IV)
ISBN 978-986-6314-79-7

1.素食食譜

427.31　　107006946

NEWSTART Lifestyle Cookbook IV
新起點健康烹調系列IV

漫遊舒食異國料理

董 事 長　金時英
發 行 人　周英弼
出 版 者　時兆出版社
客服專線　0800-777-798
電　　話　+886-2-27726420
傳　　真　+886-2-27401448
地　　址　台灣台北市 10556 松山區八德路 2 段 410 巷 5 弄 1 號 2 樓
網　　址　http://www.stpa.org
電　　郵　service@stpa.org

編　　著　臺安醫院營養課
封面攝影　傑比攝影　邱春雄
內頁攝影　邵信成、馮聖學
主　　編　周麗娟
責任編輯　陳美如
文字校對　陳美如、林淑姬、蔡佳倫
封面設計　馮聖學
美術設計　馮聖學

商業書店　總經銷－聯合發行股份有限公司 TEL.886-2-29178022
基督教書房　基石音樂有限公司 TEL.886-2-29625951
網路商店　PChome 商店街、Pubu 電子書城　漫遊舒食異國料理

ISBM　978-986-6314-79-7
新台幣 NT$280 元　2018 年 6 月　初版 1 刷